承压水上采动底板破坏与递进导升协同突水机制研究及应用

王进尚 著

黄河水利出版社
·郑州·

内 容 提 要

本书以河南矿区煤田为研究背景，从华北煤田矿区近期发生的煤层底板突水案例分析入手，为解决煤层底板隐伏断层突水的难题，采用理论分析、现场实测、室内试验、相似模拟和数值模拟相结合的方法，基于线弹性断裂力学理论，推导出递进导升突水临界力学解析式和断层到底板破坏区的最小安全距离，并研制了一种煤层底板破坏与递进导升协同突水定点动态监测试验装置，还建立了由底板破坏带、递进导升带和岩桥三要素构成的底板破坏突水模型，提出了底板采动破坏与递进导升协同演化突水模式并建立了相应判别条件。本书系统研究了煤层底板破坏与递进导升协同突水过程，揭示了采场底板隐伏断层底板破坏与递进导升协同突水致灾机制。本书较为系统地阐述了矿井底板水害防治理论、方法和技术，融入了大量的科研成果。

本书可供从事地下工程施工尤其是矿山管理人员、工程技术人员参考，亦可作为大中专院校地质工程、采矿工程及城市地下空间工程相关专业师生的参考书。

图书在版编目(CIP)数据

承压水上采动底板破坏与递进导升协同突水机制研究及应用/王进尚著. -- 郑州 : 黄河水利出版社, 2024. 9. -- ISBN 978-7-5509-3995-0

Ⅰ. TD742

中国国家版本馆 CIP 数据核字第 2024S7M055 号

组稿编辑：王志宽　电话：0371-66024331　E-mail：278773941@qq.com

责任编辑	周　倩	责任校对	杨秀英
封面设计	张心怡	责任监制	常红昕

出版发行　黄河水利出版社

地址：河南省郑州市顺河路 49 号　邮政编码：450003

网址：www.yrcp.com　E-mail：hhslcbs@126.com

发行部电话：0371-66020550

承印单位　河南新华印刷集团有限公司

开　　本　787 mm×1 092 mm　1/16

印　　张　8.5

字　　数　202 千字

版次印次　2024 年 9 月第 1 版　　2024 年 9 月第 1 次印刷

定　　价　78.00 元

前　言

我国煤矿受水害威胁面积比较大,水文地质条件比较复杂,煤矿灾害"第二杀手"就是重特大水害事故。受水害严重的河南矿区有鹤壁矿区、永夏矿区、焦作矿区和平顶山矿区。除义煤矿区部分煤矿开采侏罗系煤外,其他煤田多属华北石炭—二叠系煤田,煤层底板分布有石炭系数层薄层灰岩和奥陶系(或寒武系)巨厚层灰岩岩溶含水层,特别是奥陶系灰岩岩溶发育、富水性好、补给条件充沛、水压极大,普遍存在严重的煤层底板岩溶水水害问题。突水通道一般为隐伏断层、褶曲等,突水水源为富水性极强、水压高和补给充足的奥陶纪形成的灰岩中所含的水(简称奥灰水)。随着煤矿开采深度不断增大,承受高地应力和高水压的"双高"型煤层底板越来越多,煤层底板隐伏断层突水一直威胁着河南煤矿的安全生产。河南矿区部分矿井具有水文地质条件复杂、采煤方法和开采条件多变等特点,矿井突水规律差别比较大,需要持续研究煤层底板突水机制,采用针对性的防治水技术体系控制突水灾害,保障矿井的安全生产。因此,如何防治河南矿区煤田深部煤层开采奥灰岩溶突水,避免人员伤亡事故和重大经济损失,实现承压水体煤层安全开采,对预测水害的发生及矿井水灾防治危害具有重要的实际意义。

随着国内煤层开采深度的不断增加,来自奥陶系的高承压岩溶裂隙水对煤层的安全回采威胁越来越大。据统计,80%左右的底板突水事故与断层有关,而底板隐伏断层由于其隐蔽性特点,一直是造成煤层底板突水的主要因素。本书从华北煤田矿区近期发生的煤层底板突水案例分析入手,为解决煤层底板隐伏断层突水的难题,采用理论分析、现场实测、室内试验、相似模拟和数值模拟相结合的方法,系统研究了煤层底板破坏与递进导升协同突水过程,揭示了采场底板隐伏断层底板破坏与递进导升协同突水致灾机制,取得了如下成果:

(1)通过对河南受水害严重的焦作、郑州以及永城矿区的突水资料分析得出,在采动应力及承压水共同作用下,煤层底板具有导升现象的部位是构造发育部位,也是力学性质薄弱的部位,突水通道一般为隐伏断层、裂隙带等,岩溶含水层的富水性以及水压直接决定了突水与否和突水量大小,递进导升引起的突水是煤层底板突水的普遍形式。并对近期发生的底板突水案例进行分析,阐述了底板隐伏构造在水压和矿压的共同作用下产生的递进导升现象,证实了采动底板破坏与递进导升协同突水这一现象存在的可能性。

(2)基于线弹性断裂力学理论,建立了采动底板破坏与递进导升协同突水的力学模型,提出了底板破坏与递进导升协同突水评价判据;利用底板隐伏断层上端的应力强度因子,隐伏断层在采动应力及承压水水压共同作用下,断层面尖端应力集中,增加了应力强度因子,导升高度上升;随着工作面的推进,断层面尖端应力变化重复上述情形,导升高度再次升高,有效隔水层厚度减小,同时底板破坏深度加大,当其与导升高度对接时突水发生。推导出递进导升突水临界力学解析式和断层到底板破坏区的最小安全距离。

(3)以焦作矿区赵固一矿开采二$_1$煤层为研究背景,自主研发了煤层底板破坏与递进导升协同突水定点动态监测系统,并设计出采场含隐伏断层采动底板破坏与递进导升协同突水相似材料模型,模拟表明采动底板破坏与导升高度的递进发展协同作用构成了底板突水的关键因素。随着工作面推进,隐伏断层递进导升过程经历了自然导升阶段、递进导升阶段、强化导升阶段以及贯通阶段 4 个阶段,与煤层底板岩体裂隙发育的速度和规模有着重要关系,当采动应力卸荷出现峰值时,递进导升程度加强且水量增加,底板岩体卸荷程度与递进导升强度和动态监测管出水量同步达到峰值,直观地揭示了采动底板破坏与递进导升协同突水机制及两者之间的时空演化规律。

(4)采用 FLAC 3D 数值模拟软件系统地研究了底板裂隙扩展与隐伏断层递进导升突水动态发展过程。随着工作面的开挖,在水岩耦合共同作用下,隐伏断层周边渗流场与工作面前方的塑性破坏场逐渐对接,断层突水的危险通道渐渐形成,再现底板突水路径的应力场、渗流场演化过程,模拟结果与相似模拟的成果具有相近性和一致性。

(5)利用高精度微震监测技术,对赵固一矿 16001 工作面底板实现了连续动态监测,获得了底板裂隙发育程度范围和隐伏断层递进导升突水过程,得出底板破坏与递进导升协同突水的微震事件时空分布规律,证实底板破坏与递进导升协同突水机制的合理性,具有重要的实践意义和广阔的工程应用前景。

本书由郑州工程技术学院王进尚独自撰写而成,以河南矿区地质条件为研究背景,较为系统地阐述了矿井底板水害防治理论、方法和技术,融入了大量的科研成果,是作者及现场技术人员长期从事煤矿水害防治研究成果的总结。与本著作相关的课题研究获得了郑州工程技术学院高层次人才科研启动费项目(zggk202103)、河南省高等学校重点科研项目(23B560017)、安徽理工大学、河南能源集团研究总院有限公司的资助,谨此表示衷心感谢。感谢河南能源集团有限公司及所属单位提供试验场地及素材,以及在现场资料收集中给予的大力支持;感谢郑州工程技术学院王玉玲老师对全书进行校对及审核;感谢北京安科兴业科技股份有限公司辛崇伟团队提供的高精度微震监测技术及素材;同时对以姚多喜、王经明等老师为代表的科研工作者和现场技术人员,在相关项目实施及本书撰写过程中给予的支持和帮助表示衷心的感谢。

因作者水平和时间有限,书中难免有遗漏之处, 欢迎广大读者批评指正。

作　者

2024 年 8 月

目　录

1 绪 论

1.1 研究背景和意义

煤炭是我国的主导能源,也是重要的工业原料,我国的国民经济发展与煤炭两者之间始终保持着一种唇齿相依的依赖关系。煤炭具有能源和工业原料双重属性,据国家统计局数据分析,2017 年全国原煤产量累计 35.2 亿 t,在能源结构中煤炭消费的比例呈明显下降趋势。但《低碳经济蓝皮书:中国低碳经济发展报告(2016 版)》中预测:到 2035 年,在我国基础能源消费中,煤炭的消费比例仍然能达到 51%左右;能源结构中煤炭的主体地位在短期内不会发生变化,其他新的能源资源只能作为辅助能源,煤炭的重要位置无法完全被取代。煤炭作为国家战略资源,加以保护的国家有美国、澳大利亚等。我国煤矿的开采深度以平均速度 10~25 m/a 向深处延伸,超过 1 000 m 埋深的矿井在全国范围内有 50 对,其中在山东新汶矿业孙村煤矿处的深矿井,最大开采深度达到 1 501 m。我国大部分煤矿水文地质条件复杂,水害严重威胁安全生产。随着开采深度不断增加,煤层底板突水危险性不断加大,工作面高水压型底板越来越多,其中华北地区受到底板承压水威胁的煤炭资源约达到 160 亿 t。

近年来,煤矿突水事故频繁发生,其发生次数在煤矿事故中长期位居前列,不仅对国家经济造成重大损失,还对人民生命安全构成严重威胁。对近期发生突水事故的水文地质结构资料和突水原因数据进行统计分析,发现涌(突)水受到多种主控综合因素影响,大部分的突水事故发生在回采工作面,底板突水事故 80%左右的发生原因与断层有一定关系,本研究重点分析煤层底板隐伏断层突水的技术难题。前人在断层突水预测和治理技术等方面做了大量试验以及理论研究,由于煤层底板断裂构造千差万别,研究学者得出底板突水的机制也有所不同。

目前,研究成果较多集中在对已探明、贯穿煤层顶底板的大断层突水机制的研究,在采动和承压水压的联合作用下,普遍存在底板中的落差小、岩性弱的隐伏断层断裂扩展所引发的突水机制问题,研究成果较少。煤层开采前,在承压水作用下,底板岩层存在许多天然裂隙,在隔水层内水沿着这些天然裂缝上升至某一高度,称为承压水原始自然导升高度,其导升高度一般比较小,但在断裂位置处高度较大,如图 1-1 所示。工作面回采后,底板破坏深度为 H_1。同时,在采动和承压水的共同影响下,自然导升带的裂隙进一步向上延伸扩展,从而形成承压水递进导升带,承压水导升带由原始自然导升带与递进导升带两部分组成。当底板采动破坏带与承压水导升带沟通贯通时,底板发生突水事故。通过以上分析可知,底板隐伏断层的存在,直接导致破坏深度及导升高度增大,从而造成突水危险性加大,突水发生和发展过程应是采动底板破坏和承压水递进导升协同发展过程。

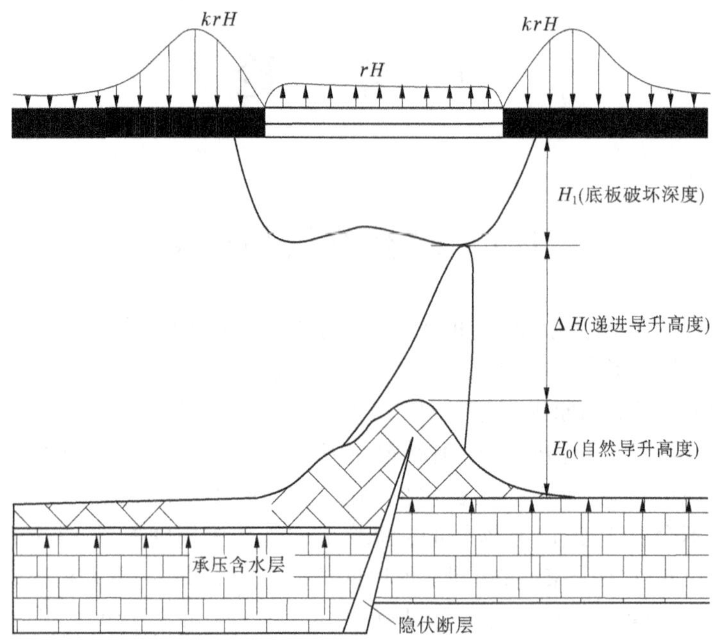

图 1-1 承压水上开采含隐伏断层底板破坏示意

许多学者目前对断层突水的判断准则及机制，以及对煤层底板破坏和递进导升单独研究比较多，但煤层底板破坏和递进导升协同引起的突水尚缺乏深入系统的研究。因此，完善现有分析底板断层突水的力学模型，应用现代信息和数学技术对底板突水进行评价，分析煤层底板破坏与递进导升协同突水的评价标准，对预测水害的发生及矿井防治水工作具有重要的实际意义，是确保煤矿安全高效开采的重要保障，具有良好的工程应用前景。

1.2 国内外研究现状

许多学者在断层突水预测和治理技术等方面做了大量研究，由于煤层底板断裂构造千差万别，研究学者得出的底板突水机制也有所不同，目前国内外研究人员针对以上提出的问题已经开展过大量的研究探索，为了更好地研究煤层底板破坏与递进导升协同作用规律理论，从以下几方面分析国内外研究现状。

1.2.1 底板突水理论研究进展

国外学者对煤层底板突水机制的研究相对较早，突水问题在国外煤矿也大量存在。20 世纪 40 年代到 50 年代，苏联学者斯列萨列夫以弹性力学理论为研究基础，用两端固支梁简化底板岩层，进行了底板岩性的强度计算，并推导底板破坏最小安全水压值公式。20 世纪 60 年代，匈牙利学者韦格弗伦斯提出相对隔水层厚度，将不同岩性的岩层换算为泥岩厚度。20 世纪七八十年代，Santos、Bieniawski 等利用能量释放率临界的概念、岩体分级指标 RMR 和 Hoek-Brown 岩体强度准则三者综合分析底板的承载能力。20世纪 90 年代,意大利学者 Sammarco 在意大利研究地下采矿活动,监测某些信息,提出对矿井突水进行提前预警。目前,国外对煤矿水害研究的重点放在了矿井水对地下水质的污染上。

我国许多研究人员通过大量理论和现场试验研究,提出自己对煤层底板突水机制的观点,对煤矿安全生产起着重要作用。其中,中国矿业大学、河南理工大学、西安煤科院、安徽理工大学、中国科学院地质研究所、太原理工大学、西安科技大学等科研院所做了大量研究试验工作,并取得了丰富的成果。他们针对前期研究成果提出底板突水理论,现将代表性的理论进行如下总结。

1.2.1.1 突水系数法

在我国,最早在 20 世纪 60 年代,突水系数法为预测底板突水与否的依据之一。突水系数 T_s 定义为单位隔水层所能承受的极限水压值,在煤矿行业中得到了广泛推广应用,为煤矿突水评价提供依据。

$$T_s = P/M \tag{1-1}$$

式中 T_s——突水系数;

P——水压,MPa;

M——底板隔水层厚度,m。

在煤矿底板现场实际应用时,根据一个矿区的水文地质条件、承压水头、底板保护层厚度来确定突水系数的值,这个经验公式是根据华北几个大矿计算出来的经验值,矿山压力、承压水水压的动态作用和断层与裂隙原生节理面等特征因素没有综合考虑在内,因此在现场应用中受到一定的限制作用,评价突水存在一定误差。后来,在综合分析底板破坏深度、承压水导升高度、底板隔水层的不同岩层组成以及承压水导升过程中的水头损耗等因素的基础上,学者们科学地对突水系数进行了不同修正。

1.2.1.2 “下三带”理论

山东科技大学李白英、荆自刚等提出煤层底板隔水层与顶板覆岩相同,由煤层底板到承压水岩层存在着“三带”,即底板导水破坏带、有效保护层带和承压水导升带,抵抗底板突水的最主要保护层位于底板隔水层中部的完整岩层,它发挥着最重要的作用。该理论认为,底板隔水层的“下三带”主要受矿山压力、承压水水压、隔水层的岩性组合和地质构造的综合影响,当煤层底板下部存在软岩隔水层且无原生导水裂隙时,理论上底板导水破坏带数量为零。在矿压和水压共同影响下,当承压水导升带与底板采动破坏带对接贯通,工作面就可能会发生底板突水事故。从煤层底板突水机制评价底板隔水能力本质上看,判断突水与否主要根据有效保护层单位厚度所承载承压水水压,这与突水系数方法是一致的。

1.2.1.3 突水优势面理论

高延法等通过长期现场观测及理论研究,考虑底板隔水层隔水能力岩性的非均匀性,当在某一危险断面上时,底板突水将会首先发生,这种危险断面称为“突水优势面”,最后提出了煤层底板突水优势面理论。该理论在煤层底板突水防治应用中,第一步安全性评价带压开采煤层,第二步经过安全评价划分区域找出底板突水优势面的位置,第三步针对突水危险区域进行水害治理。

1.2.1.4 非线性动力学方法

基于流体力学理论,缪协兴等在多层岩体和单一岩层中提出了渗流失稳的概率及渗流失稳的条件,研究岩石渗流失稳的突变学机制,并进一步分析底板临界突水特征。王连国等通过建立底板突水的尖点突变模型,分析了底板隔水关键层的破坏失稳机制,推导出了以煤层底板尖点突变力学模型为基础的突水势函数。王延福等通过应变监测煤层底板隔水层应力,建立了非线性动力学计算模型和方程,来判断是否会发生底板岩体应力失稳(突水),他认为底板岩层缺陷所诱导的局部失稳将引起煤层底板突水。

1.2.1.5 “原位张裂与零位破坏”理论

1992 年,在承压水水压与矿压共同影响作用下,煤炭科学院北京开采所王作宇、刘鸿泉等根据采场煤层底板岩体变化特征沿采场推进方向将底板岩体分为 3 个变化阶段(超前压力压缩段、采后膨胀段和后期压缩稳定段)。在承压水压力与超前支承压力共同影响下,煤层底板张裂隙继续扩大并向上延展,承压水沿突水通道裂隙扩展,当承压水沿原位裂隙与底板采动破坏带贯通,发生突水事故。

1.2.1.6 板壳理论

1997 年,通过相似模拟试验,运用塑性力学、弹性力学研究底板突水机制,煤炭科学院北京分院刘天泉、张金才等认为根据底板隔水层的受力状态,将其力学简化成四周固支的薄板力学模型,求出煤层底板突水的临界水压值,通过板结构理论计算分析底板突水受力变形过程,丰富了底板突水理论,为煤矿防治突水提供了理论支撑。

1.2.1.7 关键层理论

1996 年,中国矿业大学黎良杰、钱鸣高提出在工作面推进过程中,煤层底板隔水层都发生一定程度的破坏,无论是上部还是下部岩层,其中影响阻水能力的关键层是承载能力最强的底板隔水层的岩层。如果影响阻水能力的关键层发生破裂,底板突水事故就会出现。他们将薄板看成关键层,进行薄板力学模型简化,对带压开采底板变形破坏特征进行大量分析。

1.2.1.8 岩-水应力关系法

中煤科工集团西安研究院有限公司牛建立分析了底板移动变形和矿压显现规律,提出岩-水应力关系法,突水的产生主要为矿压和承压水压力联合作用。在卸压岩体和受到下伏承压水顶托作用力共同作用在采空区内部上覆岩体,由于岩体受到张力作用,膨胀状态在煤层底板处。随着工作面回采,底板岩体压缩向膨胀转化,受力状态发生变化,岩体受到张拉和剪切作用。岩-水应力关系法导致底板突水需具备两个条件:导水破裂带和水压。

还有许多研究学者对底板突水机制做出了大量的贡献,刘天泉、张金才基于薄板模型和岩石力学理论进行深入研究,提出了底板岩体的组成方式“两带”(底板隔水带和采动导水裂隙带)模型理论。潘岳基于 Mises 增量理论,研究了岩体断层破裂的突变特征,在断层释放弹性能而形成非均匀围压的条件下推导出了表达式。李春元研究了深部开采卸荷对底板扰动破坏的影响,运用离散元软件计算了深部开采底板卸荷损伤的强扰动特征。姚多喜通过 FLAC 3D 数值模拟方法,基于应变场和渗流场共同作用,针对承压水下采煤建立了裂隙岩体水力学模型,对采场岩体渗透性变化与煤层底板破坏规律进行研究。鲁海峰、姚多喜根据横观各向同性连续底板层状岩体,结合煤层上覆载荷分布特点,推导出煤层采动后的底板任一点应力解析公式;姚多喜、鲁海峰根据煤层底板水压力分布特征,基于渗流-应力耦合理论分析承压水上采煤机制,构建裂隙岩体水力学数学模型,研究了底板岩体变形破坏特征对隔水底板和水压力的影响规律;程久龙、武强和刘伟韬等应用FLAC 3D 对含隐伏断层煤层底板突水机制进行模拟研究。

综上所述,底板突水机制研究成果对安全带压开采发挥着重要作用,由于矿井水文地质条件以及岩体介质本身的复杂性,煤层底板突水机制的研究还需进一步的研究。

1.2.2 断层突水机制研究进展

当断层两盘发生位移时,断层附近区域存在摩擦阻力作用,使岩石破裂并产生大量的扭裂隙和张裂隙,同时支断层也将出现一定裂隙。因为现在我国水害防治工程总体量还比较大、技术难度高、治理困难大,治理效果并不太理想,为了推进煤矿安全生产,许多技术人员针对断层突水机制做出大量的工作。1994 年,杨善安等通过力学平衡计算发现突水事故主要出现在压力不平衡垂向方向处和底板断层在垂向方向承受的压力部位,通过分析断层突水具有的时效特性、临界特性等,建立了断层破裂的重整化群变换关系方程。1997 年,王经明、董书宁在矿山压力和水压力影响作用下,通过地质条件和力学分析相结合的方法对断层的活动做定量详细观测分析。1998 年,通过研究煤层渗透性变化规律,营志杰分析认为在断层裂隙带和屈服带中间保留一定宽度的弹性核,可以避免构造裂隙和采动裂隙贯通后发生突水事故,研究获得了断层防水煤柱保持稳定和隔水的基本条件,总结出应用可行的计算公式:

$$W = W_B + W_P + W_\gamma \tag{1-2}$$

式中 W_B ——断层裂隙带宽度,m;

W_P ——弹性核宽度,m;

W_γ ——屈服带宽度,m。

2000 年,白峰青得出突水事故的发生与工作面倾向长度、岩体强度变异系数、隔水层可靠强度等因素有关。同年,施龙青考虑矿压方面的影响因素,深入研究煤层底板采场断层突水的力学机制,还提出采场底板断层突水的判别标准和采场断层发生突水的条件。2001 年,Shi、黎良杰等认为突水事故比较容易出现在断层面倾向采空区边界的情况。2005 年,邱秀梅、王连国通过对断层类型划分为闭合型和张开型,提出了闭合型断层突水主要是断层两盘关键层接触处发生强度失稳而造成的。文献[91]通过对断裂带从原岩初始状态到活化状态的分析,得出受采动影响产生的渗流场和应力场的耦合作用使得高承压含水层上煤层底板断层活化致灾。

另外,施龙青提出断裂构造复杂程度可由煤层断层影响因子等值线图反映出来,断层影响因子增高而突水的概率增大;李海燕,张红军提出了双阶段理论模型"开采扰动-渗透弱化",深入分析了断层滞后突水渗-流转化机制;杨新安把突水断层类型划分为破碎带和大断层突水,详细地分析这两种类型突水的特点和机制;武强通过大量研究提出断裂构造突水时间弱化效应的底板突水机制新概念;Zhang 通过物理模型模拟得出隐伏断层底板的岩体的应力分布、变形破坏特征、渗流规律及裂隙扩展机制；Shi 等通过 COMSOL Multiphysics 数值模拟后研究有关铁矿的突水形成机制。

在隐伏断层突水机制方面，杜文凤、彭苏萍认为隐伏构造带是造成煤层底板突水存在威胁的重要影响因素，隐伏构造带突水的危险性主要受采深和采动影响。张文忠为研究底板隐伏断层滞后突水，得出断层水压增高的规律及断层水压力计算公式。郭惟嘉、张士川将深部开采底板突水灾变模式划分为完整底板裂隙扩展型、原生通道导通型和隐伏构造滑剪型 3 种类型，并分析了对应的突水判据，利用深部采动高水压底板突水相似模拟试验系统探寻了 3 种突水灾变模式下突水通道的时空演变过程，验证了突水判据的准确性。鲁海峰、沈丹等考虑采动矿压和承压含水层水压的共同作用，推导出断层影响下底板突水的水压力解析式，分析了底板临界突水水压的影响因素，建立了隐伏断层煤层底板突水的断裂力学数学模型，基于断裂力学理论推导了导水断层发生劈裂破坏的临界水压力以及影响因素，主要包括工作面推进方向、开切眼到断层带距离、断层倾角等。在含隐伏小断层条件下，李连崇通过 RFPA 数值软件模拟了在采动应力扰动和高承压水共同作用下煤层底板裂隙萌生、断层活化及突水通道形成的演化过程。Liu 针对固液耦合模式，利用变参数流变模型对含隐伏断层缺陷煤层诱发底板滞后突水影响因素及滞后突水机制进行研究。胡新宇采用多种手段，将理论分析、数值模拟和微震监测结合，通过现场微震监测了带压开采煤层底板裂隙发育程度范围和采动活动破裂活化规律。

1.2.3 递进导升突水研究进展

1998 年，王经明从煤矿导升这一普遍而又基本的水文地质现象入手，通过现场观测、实验室模拟、理论分析、数值模拟和现场应用试验对底板承压水导升的发展引起的突水这一重要问题进行了专门的探讨，首次提出了递进导升的突水过程机制，论证了煤层底板的导升地段和地质构造发育区、承压水的强径流带、底板隔水层的薄弱带之间的联系。通过对完整底板和断层底板的注水试验，首次发现了煤层底板承压水递进导升高度的发展现象和造成递进导升发展的环境应力条件，观测到了煤层底板深部的超前破坏早于浅部、断层两盘差异位移量远大于正常底板和采矿引起断层带的注水增量。Jin 基于煤层底板递进导升突水的突水机制，提出了煤矿突水灾害的远程监测技术和预警技术，并在淮北煤业集团推广应用。白越采用微震监测技术验证了煤层底板的突水过程，并在峰峰矿区梧桐庄煤矿推广应用该底板突水预测技术。

2011 年，凌标灿和刘德民认为，当裂隙切割底板隔水层时，可能引发突水事故，把底板裂隙突水分为两种类型，即递进导升式裂隙突水和导通式裂隙突水。对裂隙容易引发的裂隙突水进行分类：第一种情况，在矿山压力和灰岩含水层水压的影响下，裂隙切穿整个隔水层和裂隙向上没有切割到煤层，导通式裂隙发生突水事故；第二种情况，裂隙向上延伸扩展而没有与煤层底板发生贯通，然而裂隙向下与灰岩含水层导通，随着工作面推进，裂隙进一步发生递进导升现象，与底板破坏带相互贯通，最后形成导水通道，突水事故就会发生。

2014 年，杨松根据底板初始应力条件及岩石破坏准则，深入研究王经明教授提出的递进导升突水理论并进行模型数值分析,分析底板的受力变形破坏特征,将理论应用到工作面带压开采的工业试验现场,做了大量试验工作:地应力测试底板原岩、探查初始导升高度、数值分析计算采动条件下底板破坏深度,还综合评价底板隔水层的隔水性能,并为该矿煤层底板突水预测提供了有效的方法。

2015 年,黄浩通过现场应用试验证明了递进导升突水机制表现为底板薄弱带(断层)的扰动存在递进导升扩展现象,他提出了获取递进导升突水判别式关键参数的方法,通过现场试验观测取得判别式参数,并将该方法应用到轩岗刘家梁煤矿 5124 工作面的现场工程实例,同时采用相似材料和数值模拟试验来验证结果。朱光丽用相似材料模拟试验研究底板隐伏断层的递进导升扩展现象,分析了采动破坏和水压共同作用时裂隙扩展形式以及破坏规律。研究表明,在矿山压力和承压水的作用下,隐伏断层存在产生递进导升扩展现象的可能。

2017 年,翟晓荣、吴基文研究发现煤层采动底板破坏形态在煤矿深部和浅部明显不同,在采动影响下,深部在“双高”(高地应力及高承压水)耦合作用下,递进导升现象发生在隐伏断层处,当在浅部开采时,递进导升现象不存在。

1.2.4 底板采动破坏研究进展

当底板承压水冲破隔水层的阻碍时,煤层底板就会发生突水事故,这就是煤层底板发生突水的实质性机制。因此,煤层底板采动破坏为突水的导水通道的形成创造了条件。针对煤层底板采动破坏规律的研究,国内外许多技术人员做了大量的研究工作。张西民采用有限元数值模拟方法,通过模拟工作面由初采到一次周期来压的过程,得出了来压和底板突水的相互关系。李白英等采用一维非线性有限元数值模拟,得出了在矿压影响下底板破坏的初次来压比周期来压大。毕贤顺等通过建立煤层底板突水的力学数值模型,得出了突水判别式和关键参数的获取方法。王成绪通过大量数值计算研究了采动影响下煤层底板隔水岩层上部和下部的破坏影响作用,并得出了底板突水规律。肖洪天等应用三维电算数值模拟方法,研究了周期来压时工作面长度对底板岩体变形破坏特征的影响。杨栋、赵阳升基于煤层底板流固耦合原理,通过模拟开采过程中底板下裂隙状态,得出了推进速度、留设防水煤柱宽度与煤柱应力、断层渗透系数、断层变形之间的关系。中国矿业大学黎良杰、钱鸣高等通过无断层构造的条件相似材料模拟后,发现在承压水作用下底板呈 $O-X$ 型破坏,且在 O 与 X 的交点处,比较容易形成突水通道。基于梁板理论,在顶板垮落冲击动载下,D. Xu 等建立了诱发煤层底板隔水层破坏失稳模型,研究了不同动载作用模式,还提出了底板隔水层破坏失稳判据。胡耀青等通过太原理工大学自主研制的三维固液耦合相似模拟试验台,在采动情况下模拟出完整底板与含断层底板的变形突水全过程。冯梅梅通过设计煤层底板承压水水压加载系统,利用压力水袋模拟承压水对底板隔水层作用,得出了底板裂隙发育的最大深度。王进尚、姚多喜等通过递进导升及断裂力学原理,推导出煤矿隐伏断层递进导升突水的临界判据,煤层底板突水事故的发生主要是因为采动裂隙导通了煤层底板下的岩溶含水层。

1.2.5　流固耦合模拟试验系统研究进展

流固耦合理论起源于流固耦合力学,流固耦合力学是固体力学和渗流力学相互交叉而生成的力学分支,其涉及组合的学科主要有渗流力学、地下工程、固体力学、岩石力学、地球物理等。固流两相介质之间的相互作用为流固耦合力学的研究对象,在流体的载荷作用下固体会发生变形及运动,固体变形及运动对流体运动反过来产生影响,流体载荷的分布与大小又被改变。采用物理模型试验研究地下工程问题的方法被广泛应用,国内许多科研院所研制了很多模拟试验系统,模拟试验研究很多地下工程问题,取得了很多研究成果。流固耦合模拟试验台与传统地质力学模拟试验台相比,具有特殊要求,主要有内部的盛水装置、水的密封和信息采集元件。在深部开采情况下,有的研发人员设计出了与承压底板突水机制相似的模拟试验装置,由水平与垂直应力加载装置、模型箱、测量装置和数据记录仪组成,从理论方面分析采场安全的影响因素,在深部开采采动影响、复杂应力和承压水压力共同作用下,利用相似模拟研究岩体的破坏与变形过程,揭示煤层底板水渗流、突变等运移规律。

流固耦合模拟试验系统中技术的关键是承压水的模拟。大量研究人员应用很多不同方法模拟承压水对煤岩体作用,有的研究人员在模型底部埋设自制的胶囊模拟承压水,随着工作面开采,模拟带压开采过程中煤层顶板、底板破断失稳特征;有的研究人员将弹簧设置在模型底部模拟承压水,通过相似模拟试验研究煤层底板突水过程。以上通过胶囊里的水和弹簧组的模拟与现场实际有一定区别,但也直观说明了一定的煤层底板突水机制对防治水害发挥重大作用。

1.2.6　底板突水监测技术研究进展

目前,我国研究底板破坏深度及底板突水预测的主要方法包括红外探测仪、钻孔注水法、岩移钻孔探测法、水文地质钻孔探测法、抗地电干扰法、三维高分辨率法、地震勘探仪法、地质雷达技术,它们在我国地下工程水害防治中起到了指导作用。底板突水过程现场监测突水通道孕育形成的演化规律很难实现。许多学者通过大量努力,将微震监测技术应用到煤层底板中实时、动态地监测破坏形态过程和岩体破坏范围。由于岩石自身发生破坏前内部会生成微裂纹,以弹性波的形式释放出能量,微震就是这种具有能量的声发射信号,由传感器接收。微震监测技术已经被广泛应用于监测煤矿底板突水过程。

1.3　存在的问题与发展趋势

前人研究成果从各个方面解释了突水事故发生的机制,积累了大量的工程经验,为本书的顺利撰写提供了基础,但前期研究成果还存在着以下问题:

(1)对煤层底板破坏和递进导升单独研究比较多,煤层底板破坏和递进导升协同引起的突水还缺乏深入系统的研究,需进一步研究二者协同下岩体渗流规律、导水通道的形成过程及形成机制。

(2)底板隐伏断层的存在造成破坏深度及导升高度增大,突水危险性加大,突水发生、发展过程应是底板采动破坏和承压水递进导升协同发展过程。而递进导升突水研究方面没有从定量的角度给出煤矿隐伏断层递进导升突水的临界水压力和高度判据,给实际工程应用带来一定的不便。

(3)以往的大量科研工作主要集中在对采动影响下底板破坏的研究,从理论到实测,在底板破坏深度方面做了许多的工作。但是在采动应力及承压水水压共同作用下,关于水压对底板破坏的研究相对较少且认识不足,忽略了水在突水通道形成至贯通整个过程中发挥的作用及水本身的特点,以前常常将其简化为均布荷载,这样简化是不科学的。

(4)流固耦合问题的相似模拟比较复杂,对相似材料的要求较高。以往的相似材料主要以砂、碳酸钙和石膏为主要成分,遇水易崩解,相似模拟试验台容易破坏,导致试验失败。

1.4 主要研究内容与技术路线

本书通过对河南焦作、永城等矿区近期发生的底板突水案例分析,阐述底板隐伏构造在水压和矿压的共同作用下产生的递进导升现象,研究递进导升协同突水致灾机制。在此基础上,采用线弹性断裂力学理论推导了递进导升突水临界力学解析式和断层到底板破坏区的最小安全距离计算模型。然后以焦作赵固一矿开采二$_1$煤层的条件为地质原型,分别通过相似模拟和数值模拟,研究煤层底板破坏与递进导升协同突水的演化过程,进一步明确了其主要影响因素,并利用微震监测技术对16001工作面底板进行了连续动态监测,证实了底板破坏与递进导升协同突水机制的合理性,具体的研究内容如下。

1.4.1 研究内容

(1)研究区水文地质特征及突水影响因素分析。

对河南矿区近期发生的煤层底板突水资料进行分析,本书从底板突水的通道、突水水源、突水动力3个方面总结突水事故原因。对义马煤业集团股份有限公司矿区(简称义煤矿区)所属矿井同一个位置进行两次物探和对其他矿区导升高度探查资料进行分析,证实底板采动破坏与递进导升协同突水这一现象存在的可能性。总结底板突水影响因素及规律,并分析底板破坏与递进导升协同突水形成条件。

(2)构建底板破坏与递进导升协同突水力学模型。

利用底板隐伏断层上端的应力强度因子,研究底板破坏与递进导升协同突水判据评价公式。基于递进导升及断裂力学原理,建立底板破坏与递进导升协同下简化力学模型,研究采场底板隐伏断层底板破坏与递进导升协同突水机制。

(3)底板破坏与递进导升协同突水规律的相似模拟试验研究。

以焦作矿区赵固一矿开采二$_1$煤层为背景,自主研制煤层底板破坏与递进导升协同突水定点动态监测系统,采用恒压注水、定点观测、递进导升水量定量采集和应力多方位四位一体,直观实现监测到底板不同位置处煤层底板破坏与承压水递进导升的情况。并设计采场含隐伏断层底板采动破坏与递进导升协同突水相似材料模型,研究采场底板破坏与递进导升协同突水机制及两者之间的时空演化规律。模拟分析煤层底板下岩层裂隙发育规律,断层递进导升、突水通道形成过程。

(4)底板采动裂隙分布与递进导升规律数值模拟研究。

在水岩耦合共同作用下,建立底板隐伏断层突水的数值计算模型,运用数值模拟的方式系统地研究底板裂隙扩展与隐伏断层递进导升突水动态发展过程。模拟隐伏断层底板岩体的应力分布、变形破坏特征、渗流规律及裂隙扩展机制,研究采动破坏与递进导升协同突水机制。验证相似模拟中随着工作面推进,断层的递进导升程度不同所经历的 4 个阶段特征。

(5)底板破坏与递进导升协同突水预测方法研究。

根据底板破坏与递进导升协同突水机制和模型,研究微震监测和底板破坏与递进导升协同突水相结合用于底板水害评价和突水预测的新方法。利用高精度微震监测技术对赵固一矿 16001 工作面底板进行连续动态监测,获取裂隙发育程度范围和隐伏断层递进导升突水过程,并通过微震监测与理论分析、相似模拟和数值模拟对底板岩层破坏与递进导升协同突水过程进行相互验证。

1.4.2 研究方法及技术路线

(1)理论分析。

利用底板隐伏断层上端的应力强度因子,推导底板破坏与递进导升协同突水判据评价公式。基于递进导升及断裂力学原理,建立底板破坏与递进导升协同下的简化力学模型,研究采场底板隐伏断层底板破坏与递进导升协同突水机制。

(2)相似模拟。

自主研制煤层底板破坏与递进导升协同突水定点动态监测系统,并设计采场含隐伏断层底板采动破坏与递进导升协同突水相似材料模型。研究采场底板破坏与递进导升协同突水机制及两者之间的时空演化规律。模拟分析煤层底板下岩层裂隙发育规律、断层递进导升、突水通道形成过程,底板岩层裂隙产生、稳定、再扩展直观再现过程。

(3)数值模拟。

用数值模拟的方式系统研究底板裂隙扩展与隐伏断层递进导升突水动态发展过程,分析隐伏断层底板岩体的应力分布、变形破坏特征、渗流规律及裂隙扩展机制,系统研究工作面推进过程中承压水在底板断层区域的导升、扩展和突水过程。

(4)现场实测。

利用直流电法勘探查明了赵固一矿 16001 工作面二$_1$ 煤层顶、底板岩层的富水性,划分目标岩层附近的相对贫、富水区域,确定异常区灰岩水底板自然导升高度。通过采用高精度微震监测预警技术,对赵固一矿 16001 工作面底板连续和动态地监测裂隙发育程度,确定底板的最大破坏深度。

本书采用的技术路线如图 1-2 所示。

煤层底板破坏与递进导升协同突水致灾机制研究
河南矿区水文地质特征
焦作矿区
郑州矿区
永城矿区
突水案例分析
突水通道
突水水源
突水动力
突水影响因素
地质构造
承压水压
矿山压力
岩性组合
基础研究
煤层底板破坏与递进导升协同突水机制
煤层底板裂隙扩展数学模型
岩体变形对水压影响
采动底板破坏特征力学分析
建立底板协同突水力学模型
协同演化突水判别条件
理论研究
煤层底板破坏与递进导升协同突水模拟研究
研制煤层底板破坏与递进导升协同突水定点动态监测系统
研究煤层底板岩层裂隙发育规律、隐伏断层突水通道形成机制
底板采动破坏、承压水递进导升以及剩余隔水岩层岩桥断裂耦合关系
采场底板破坏与递进导升协同突水机制及两者之间时空演化规律
相似模拟+数值模拟
底板破坏与递进导升协同在突水预测中的应用
底板自然导升高度探查
直流电法勘探
底板原位应力测试底板破坏深度
底板破坏规律的微震监测
递进导升高度
底板递进导升动态监测
现场应用

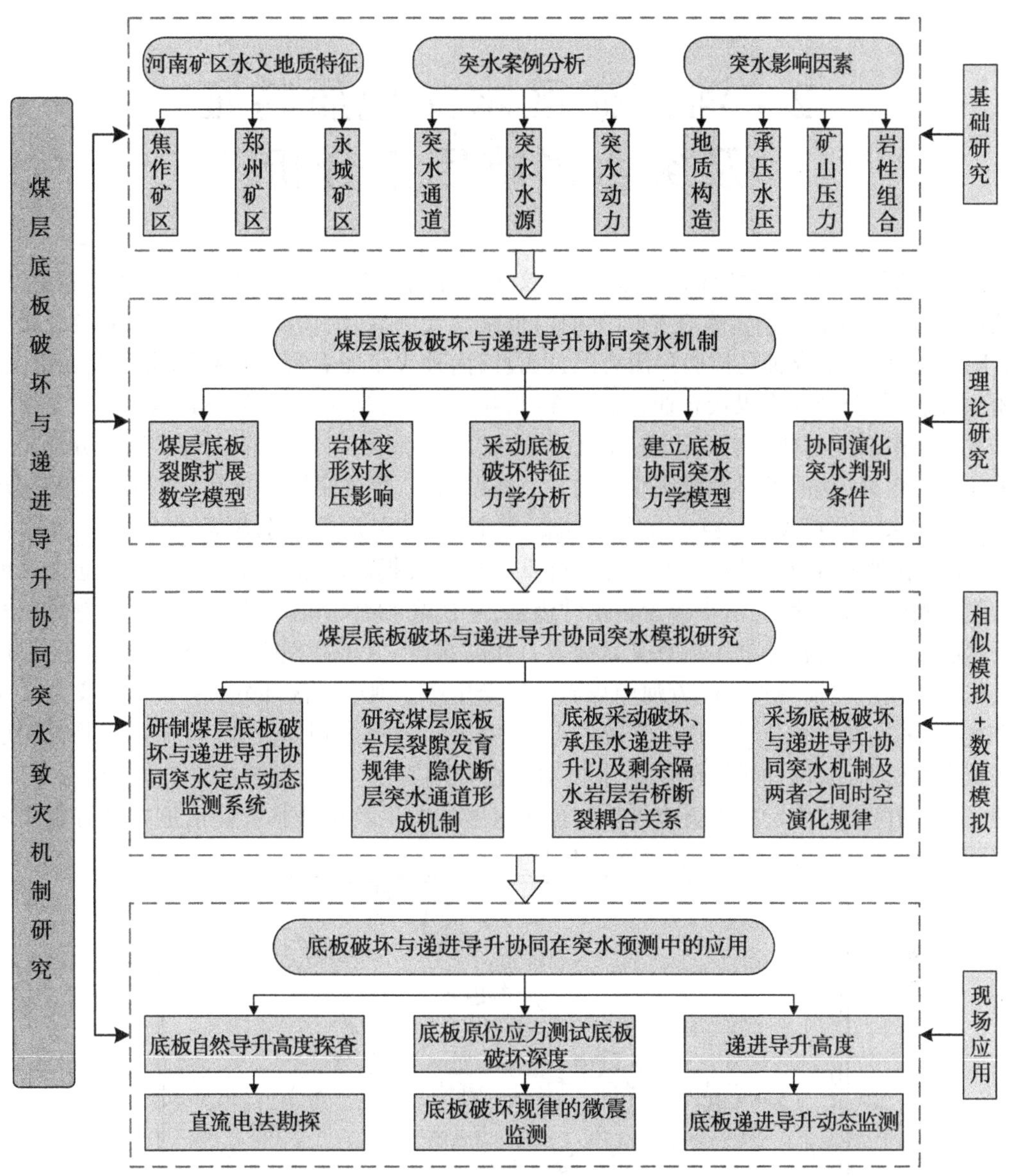

图 1-2 技术路线

2 河南矿区水文地质特征及突水影响因素分析

我国煤矿受水害威胁面积比较大,水文地质条件比较复杂,煤矿灾害“第二杀手”就是重特大水害事故。河南省在全国范围内也是煤炭大省,河南矿区主要有河南能源集团有限公司、中国平煤神马控股集团有限公司、河南神火集团有限公司和郑州煤炭工业(集团)有限责任公司4个煤炭企业,现有235对矿井,累计资源储量为284.54亿t。受水害严重的河南矿区有鹤壁矿区、永夏矿区、焦作矿区和平顶山矿区。除义煤矿区部分煤矿开采侏罗系煤外,其他煤田多属华北石炭—二叠系煤田,煤层底板分布有石炭系数层薄层灰岩和奥陶系(或寒武系)巨厚层灰岩岩溶含水层,特别是奥陶系灰岩岩溶发育、富水性好、补给条件充沛、水压极大,普遍存在严重的煤层底板岩溶水水害问题。突水通道一般为隐伏断层、褶曲等,突水水源为富水性极强、水压高和补给充足的奥灰水。随着煤矿开采深度不断增大,各类工作面承受高地应力和高水压“双高”型煤层底板越来越多,煤层底板隐伏断层突水一直威胁着河南煤矿的安全生产。河南矿区部分矿井具有水文地质条件复杂、采煤方法和开采条件多变等特点,矿井突水规律差别比较大,需要持续研究煤层底板突水机制,采用针对性的防治水技术体系控制突水灾害,保障矿井的安全生产。因此,研究河南矿区煤层底板突水规律对预测水害的发生及矿井水灾防治危害具有重要的实际意义。河南矿区地层分区见图2-1。

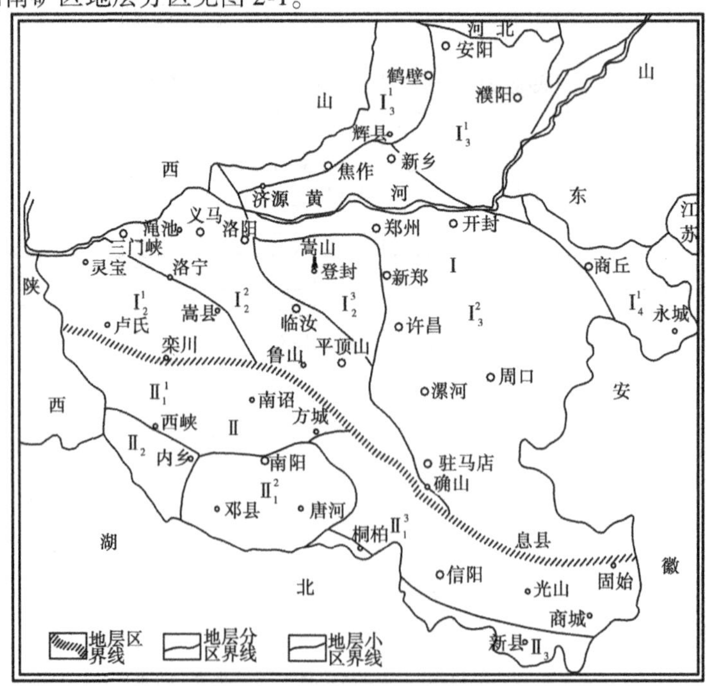

图2-1 河南矿区地层分区

2.1　河南矿区水文地质特征

2.1.1　焦作矿区

焦作矿区由于地下水补给区域宽广、断裂构造发育、水力联系密切和煤层底板承受水压高,突水事故频繁发生,因此焦作矿区受水害制约严重,历史上曾发生上千次水量大于60 m^3/h 的突水,主要以底板灰岩水为主,其中大于600 m^3/h 的突水75次,最大突水量19 200 m^3/h,发生突水淹井事故17次,经济损失十分巨大。为了彻底扭转防治水工作的被动局面,焦作煤业(集团)有限责任公司(简称焦煤公司)于1999年引进了煤层底板含水层注浆改造技术,在九里山矿14041工作面进行试验并获得成功。20多年来,解放了上亿吨煤炭资源,安全回采了四千余万吨煤炭,采掘工作面突水次数、突水强度大大降低,为焦煤公司实现高产高效矿井提供了强有力的技术支持。然而2010年以来,虽然改进底板注浆改造和断层注浆加固技术,并加强井下钻探的现场施工管理,部分采掘工作面仍然发生了不同程度的突水。这些突水事件,轻则影响矿井的正常生产,重则造成安全事故。

河南焦作矿区主采煤层是二叠系山西组二$_1$煤层(也称为大煤),煤层顶底板直接岩性主要是泥岩、砂岩,二叠系与底部的石炭系平行整合接触,石炭系上部太原组岩性以灰岩和粉砂岩为主。其中,灰岩层共计9层,大部分含水,其中上段的L_8灰岩和下段的L_2灰岩平均厚度分别为7 m和14.5 m,岩溶发育,渗透性强,含水量丰富,是焦作矿区主要突水水源地层。上段L_8灰岩与主采大煤的平均距离为21 m,粉砂岩和泥岩视作是L_8灰岩与大煤之间的隔水层。下段L_2灰岩与主采大煤的平均距离为72 m,L_2灰岩与奥灰含水层存在直接的水力联系。焦作矿区的主采煤层附近含水层主要有:新生界松散岩类孔隙水含水层组、山西组砂岩裂隙水含水层、太原组灰岩裂隙水含水层、寒武系灰岩和奥陶系裂隙水含水层。其中,砂岩地层由于富水程度低,矿井涌水小,一般能够通过矿井排水处理。灰岩地层由于岩溶发育,补给、径流和排泄条件好,地下灰岩水丰富,是矿井主要防治对象。其中主要突水的L_8灰岩地层,由于距离主采煤层大煤的距离短,隔水层厚度严重不足,因此主要采用底板全部改造的方法。焦作矿区的突水案例具有下面几个特征:

(1)地质构造复杂,80%的突水都是由断层和隐伏断层造成的。

(2)部分灰岩含水层的富水性强,补给充足,为底板突水提供物质基础,太原组岩溶发育的灰岩地层还与奥灰水联系密切。

(3)煤层底板下隔水层的厚度比较小,当底部裂隙继续向上导升发展与底板破坏带相互贯通,造成突水事故发生。而突水事故的发生大多都在构造薄弱带,比如,焦作主采煤层与底板主要含水层L_8灰岩距离21 m。

2.1.2　郑州矿区

矿井主要分布在新密、登封、巩义、荥阳、新郑、汝州、宝丰等六市一县。绝大部分矿井开采二$_1$煤层,个别矿井开采二叠系上石盒子组七$_2$煤层、下石盒子组五$_3$煤层、石炭系太原组一$_1$煤层和一$_3$煤层,年产量达1 500万多t。本区地层为华北型石炭二叠系含煤地层，结构不稳定“三软”二叠系二$_1$煤层和石炭系一$_1$煤层，特别是煤层底板易底鼓变形产生裂隙，基底为奥陶—寒武系灰岩强含水层，水文地质条件极其复杂，主要表现在：

(1)郑州矿区包含新密煤田、登封煤田、荥巩煤田和偃龙煤田，骨干矿井和水文地质条件复杂矿井均位于新密煤田和登封煤田内。新密煤田为一大型向斜贮水构造，有独立的补给、径流、排泄系统和良好的储水条件，补给面积大，含水丰富。

(2)矿区西北-东南向高角度大落差正断层发育，把矿区切割成十几个细长条带，这些断层几乎都是区域性导水断层，大多数矿井处于地下水强径流带上，使矿区水文地质条件更加复杂化。

(3)矿区滑动构造发育，使井田水文地质条件复杂化。顶板滑动构造使距二$_1$煤层数百甚至上千米的平顶山砂岩、土门砂岩、金斗山砂岩直接超覆在二$_1$煤层之上，成为其直接或间接充水含水层；底板滑动构造使二$_1$煤层与奥陶—寒武系灰岩强含水层之间的间距大幅变小或直接与其大面积对接；层间滑动构造使地层破碎、裂隙发育，既增强了含水层的富水性，又降低了隔水层的隔水性能，使导水通道更加发育和畅通。

根据数据统计，1959—2017 年，郑州矿区煤矿发生突水达 70 多次，其中 23 次事故多发生在含水层多、富水性强的地区。地层发育主要有煤系地层砂岩、薄层灰岩含水层组，中东部煤系地层之上分布有厚层-巨厚层新生界松散层类孔隙含水层组，顶板滑动构造发育区有中生界裂隙含水层组，煤系基地有奥陶—寒武系岩溶裂隙含水层。

淹井、淹采区及水害伤亡，流量都是 60 m^3/h 以上，主要出水水源为煤层底板 L_{1-4} 灰、奥灰等承压水。郑州矿区受水害威胁主要有以下几点：

(1)随着矿井开采深度不断增大，深部在“双高”(高地应力及高承压水)耦合作用下，突水概率大大增加，治理难度增大。

(2)老空水，历史上浅部小煤矿私挖乱采，破坏了防隔水煤柱以及本矿老空水聚积。

(3)顶板砂岩水，部分矿井煤层顶板“三带”范围内存在较富水砂岩含水层。

(4)地表水，部分兼并重组矿井开采较浅，地面存在河流、水体等。

2.1.3　永城矿区

该矿区属于华北晚古生代成煤区，为石炭纪太原组和二叠纪山西组煤层。井下的 L_8 灰岩主要为突水水源，灰岩厚度 12 m 左右，L_8 灰岩与主采煤层二$_2$煤层平均距离 80 m，这层灰岩特点为富水性很强、岩溶较发育和静水压力传递快。在特殊导水通道的情况下，深部奥陶系灰岩水与 L_8 灰岩相连通，二$_2$煤层底板到奥陶系含水层平均距离 200 m。1985—2020 年，淹井的灰岩突水在永城矿区内发生 17 次，在采煤工作面发生次数较多，共 11 次，掘进巷道 6 次。通过突水通道分析统计，90%的突水与二$_2$煤层底板裂隙灰岩导水通道有关。在突水水源上，灰岩厚度 8～18 m，二$_2$煤层底板距 L_8 灰岩平均距离 80 m，这层灰岩具有富水性强、岩溶比较发育、连通性好和水压大等特征，为矿井突水的主要水源。水文地质特征表现在以下方面：

(1)水文地质条件比较复杂，隐伏裂隙多在煤层底板下，这是导致煤层底板突水最主要影响因素。

(2)部分灰岩含水层的富水性强，补给充足，为底板突水提供物质基础，太原组岩溶发育的灰岩地层还与奥灰含水层连通。

(3)太原组含水层 L_8 灰岩到山西组主采二$_2$ 煤层隔水层距离 80 m,按照突水系数法进行计算,隔水层厚度能满足底板破坏强度要求。

将永城矿区与焦作矿区的水文地质条件进行对比,焦作矿区底板隔水层厚度不能满足要求,必须全部改造整个工作面底板;永城矿区隔水层厚度能够满足防治水工作要求。

2.2　底板破坏与递进导升协同突水案例分析

根据国家矿山安全监察局河南局网站发布的河南矿区某矿"3·10"突水淹井事故调查报告,2017 年 3 月 10 日,该矿发生突水事故,造成矿井被淹,无人员伤亡,直接经济损失 2 259.33 万元。专家组对事故进行了调查,主要原因为在采动应力、高承压水及构造应力等共同作用下,底板奥灰承压水沿断层隐伏构造带发生递进导升,与底板破坏进行对接发生奥灰滞后突水,导致矿井被淹,是典型的底板破坏与递进导升协同突水案例。

2.2.1　矿井概况

该矿井于 1994 年底建井,2000 年底试生产,2002 年 2 月通过验收正式投入生产,设计生产能力 60 万 t/a,核定生产能力 60 万 t/a。开拓方式为单水平上下山开拓。排水方式为一级排水,主排水泵房装备有 5 台型号为 MD420-93×9 的水泵,从-575 中央泵房直接排至地面,排水能力为 1 447 m^3/h。水仓容积 6 200 m^3,其中内仓 2 900 m^3、外仓 3 300 m^3。共 3 趟排水管路,管路内径 300 mm。通风方法为机械抽出式,通风方式为混合式。矿井属煤与瓦斯突出矿井。2016 年末矿井还有可采储量 2 521.08 万 t。主采煤层为二$_1$ 煤层,平均倾角 26°,厚度 6.53 m。现生产采区为 13 采区,准备采区为 13 南翼采区。

2.2.2　矿井水文地质概况

矿井为极复杂矿井地质类型,水文地质类型为中等。井田总体为一单斜构造,北部边界为 F_{49} 断层,北西盘下降,落差 130~160 m,为隔水边界;南部边界为 F_{1070} 断层,南东盘下降,落差 90 m,为隔水边界;东部至-800 等高线,为技术边界;西部至二$_1$ 煤层隐伏露头线。井田大部分被新近系砾岩含水层直接覆盖,构成浅部弱补给边界。矿井有一定补给水源,一般补给条件。主要含水层为奥陶系中统马家沟组岩溶裂隙含水层(O_2m)、太原群八层灰岩含水层(C_2L_8)、太原群二层灰岩含水层(C_2L_2)、山西组二$_1$ 煤层顶底板砂岩含水层(S_9、S_{10}、S_{11} 等)、新近系砾岩含水层(N)。二$_1$ 煤层距奥灰间距最小 132.31 m,最大 181.77 m,平均 153.91 m。直接充水含水层中,二$_1$ 煤层顶底板砂岩含水层渗透系数 K=0.061~0.235 m/d,单位涌水量 q=0.024~0.049 3 L/(s·m);C_2L_8 灰岩含水层渗透系数 K=0.413~5.554 m/d,单位涌水量 q=0.050 3~0.240 7 L/(s·m),含水层富水等级属弱到中等。矿井范围内存在一定老空区积水,积水边界、位置范围、积水量清楚。据矿井地质报告,矿井正常涌水量为 397 m^3/h,最大涌水量为 498 m^3/h;2016 年矿井最大涌水量为 317 m^3/h,正常涌水量为 289 m^3/h,矿井历史最大突水量 90 m^3/h。工作面东与 1311 工作面(已回采结束)相邻,煤层平均倾角 23°,煤厚 5~8 m,地质储量 59 万 t。该工作面地面标高在+155.8~+171.7 m,煤层距离地面垂直深度 645.8~661.7 m,无水体在地表存在,+194.7~+231.2 m 为第三、第四系冲积层的厚度。工作面不受顶板和地表水影响,因为在工作面回采之前,已疏放周围采空区老空水。前期三条大巷通过 F_{1601} 断层,揭露与探查均未出现涌水,也未发现富水异常,判断 F_{1601} 断层为不导(含)水断层。该断层按要求留设了防水煤柱。经工作面水文地质条件分析评价,底板隔水层厚度约 150 m,奥灰水压 6.35 MPa,由于突水系数 0.042 MPa/m 小于临界值,评价为正常带压开采区域;回采前,2016 年 5 月 20 日和 10 月 21 日分别进行了瞬变电磁及坑透物探探测,并经钻探验证,未发现构造及富水异常;工作面底抽巷揭露 F_{1309-3} 正断层时,无涌水现象,探查也未发现异常,为不导(含)水断层。2016 年 12 月 18 日工作面开始回采, 2017 年 3 月 9 日已回采 100 m,底板砂岩涌水量为 8 m^3/h。工作面周边均已回采,为孤岛工作面,应力集中,因此采动条件下底板破坏带深度较一般情况大。

2.2.3 突水地点

突水地点为工作面停采位置正下方底抽巷内 F_{1309-3} 正断层及隐伏构造发育带。底抽巷是平巷,工作面停采线正下方底抽巷内发育 1 条落差 8 m 的 F_{1309-3} 正断层,该断层离该工作面底抽巷三部皮带运输机很近。

2.2.4 突水水源

突水水位分析:2017 年 3 月 10 日 17:35,距突水点 1 000 m 的奥灰水水文观测孔($1006-O_{2-1}$)水位实测标高为 114.52 m,20:07 实测水位标高 114.42 m,水位降深 0.1 m,至 3 月 20 日 6:07 累计下降 1.88 m。

突水水量实测及分析:2017 年 3 月 10 日 6:20 实测突水量 1 700 m^3/h,7:30 实测突水量 1 950 m^3/h,依据淹没水位推算,突水峰值为 4 291 m^3/h,从突水逐渐增长过程及较大突水峰值,判断水源为奥灰水。突水水质分析:2017 年 3 月 10 日 6:20,在-575 副巷距 13 轨道车场口向外 170 m 处取水样化验,水质分析结果为[Ca^{2+}] = 107.61 mg/L,[Mg^{2+}] = 29.66 mg/L,总硬度 21.90,无负硬度,[Ca^{2+}]含量是突水前的 5 倍,推定为灰岩水成分。

据上判断:突水水源为奥灰水。

2.2.5 突水通道

工作面紧邻 F_{1061} 断层,秦家岭向斜轴从工作面中部穿过,构造复杂,应力集中。工作面内存在 1 条 F_{1309-3} 正断层,断层在煤层内落差为 1.2 m,在工作面底抽巷,落差为 8 m,F_{1309-3} 断层向深部有加大趋势。突水工作面为孤岛工作面,受多次采动影响加大了底板扰动深度。据此分析,突水通道为突水工作面底抽巷附近隐伏导水构造(导水断裂或岩溶陷落柱)。

2.2.6 突水原因

结合河南矿区某矿“3·10”突水淹井事故调查报告对突水原因进行分析(如分析不

妥之处,以专家分析为准),突水工作面底抽巷附近存在着隐伏构造,有效隔水层厚度减小(突水工作面和巷道与奥灰含水层的距离大大减小),煤层底板完整性被破坏,在采动应力、高承压水、构造应力三者共同作用影响下,隐伏断层与承压含水层奥灰水连通,之后承压奥灰水沿递进导升带进入底板导升带,在底板岩层破裂与递进导升协同作用下,导致底板破坏导水量逐渐增大,递进导升高度继续上升,直至渗入底板破坏区域相互连通,最后形成底板突水通道,承压水沿突水通道裂隙进入采空区,煤层底板发生奥灰滞后突水,突水量大大超过矿井最大排水能力,最终造成矿井被淹事故。

(1)突水通道为隐伏导水构造(导水断裂或岩溶陷落柱),地质构造复杂,深部隐伏构造的探查困难,遇导水构造极易出水。

(2)煤层底板突水水源为奥灰水。奥灰含水层富水性极强,水压高,补给充足,动储量大。

(3)承压水与矿压共同作用,在多次采动影响下,煤层底板扰动深度增加,致使原始递进导升高度继续上升,有效隔水层厚度减小,承压水突破了底板破坏区域与底板破坏带贯通,最后在煤层底板破坏与递进导升协同作用下,造成底板滞后突水。

总之,底板突水的通道为地质构造,如断层、裂隙带等;底板突水的基本物质前提是水源,即岩溶含水层的富水条件;突水的动力来源于奥灰水水压,隔水层有效厚度构成承压水上开采的安全屏障和突水的阻抗因素;采掘活动引起的矿山压力为底板突水的诱导因素。

2.3 底板破坏与递进导升协同突水影响因素

工作面在回采过程中,围岩应力重新分布,导致天然平衡状态遭到破坏和围岩失稳变形,在承压水和矿压的影响下,递进导升高度继续上升,直至渗入底板破坏区域相互连通,形成底板突水通道,煤层底板发生突水。综合多种因素共同作用引起底板突水,其中承压高水压、地质构造、矿山压力、底板隔水层含水层的富水性、厚度及岩性组合、工作面回采空间及采煤方法等为主要作用的因素,以下将分别论述各种因素的影响特征。

2.3.1 地质构造

地质构造中的隐伏断层是导致突水的重要影响因素之一。水压和裂隙是发生递进导升的必要条件。隐伏断层在煤层底板逐渐尖灭,尖灭端的下方为断距很小的断层,该断层属于断层带没有被充填或没有被完全充填的导水断层。由于断层的牵引,断层尖灭端的上方岩层发生变形,形成膝折构造,在膝折构造部位裂隙发育。在断层和膝折端的裂隙带内有含水层的水头入侵,形成导升现象。膝折裂隙突水在煤矿的突水中常有发生,例如,焦作矿区某工作面在回采到一个膝折构造时,发生了 17 m^3/min 的底板突水,如图 2-2 所示,后经打钻揭露了膝折构造下方的隐伏断层。

把原来完整的底板岩体看作两端固定而底板受水压作用的“固定梁”。当煤层底板存在断层时,底板岩体本来的完整性被破坏,此时底板岩体已不是一个完整的“梁”,而成为沿断层带一端固定的“悬臂梁”。完整“梁”的抗剪强度底板隔水层的允许水压值 p 用式(2-1)表示:

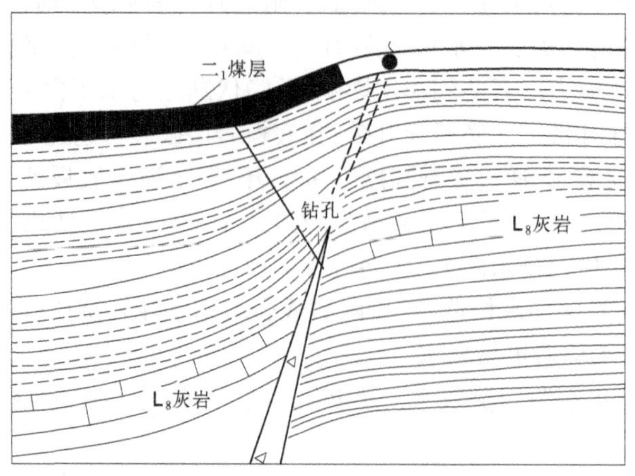

图 2-2　焦作演马庄煤矿某工作面膝折裂隙突水示意

$$p = \frac{4}{3} \cdot \frac{h\tau}{L} + \gamma h \tag{2-1}$$

式中　h ——底板隔水层厚度,m;

τ ——底板隔水层抗剪强度,MPa;

L ——工作面最大控顶距,m;

γ ——底板隔水层岩体容重,N/m^3。

然而“悬臂梁”的抗剪强度的计算公式为

$$p = \frac{2}{3} \cdot \frac{h\tau}{L} + \gamma h \tag{2-2}$$

由两式相比看出,完整“梁”的抗剪强度大于有断层存在的“悬臂梁”的抗剪强度,理论计算分析后者是前者的1/2。从最大弯矩与最大挠度出现的部位分析可知,断层结构面是地下水从煤层底板突出的薄弱面。断裂构造使附近岩石破碎、发生位移、失去完整性,成为地下水涌入矿井的通道。因此,断层带处是最易突水的部位,特别是在断裂密集交叉处和断裂尖灭处,突水事故更容易发生。

假设断层的上、下盘为弹性岩体,上、下盘的接触面即是断层面,上、下盘产生剪切运动标志着断层初始活化的开始。断层活化力学模型如图 2-3 所示。

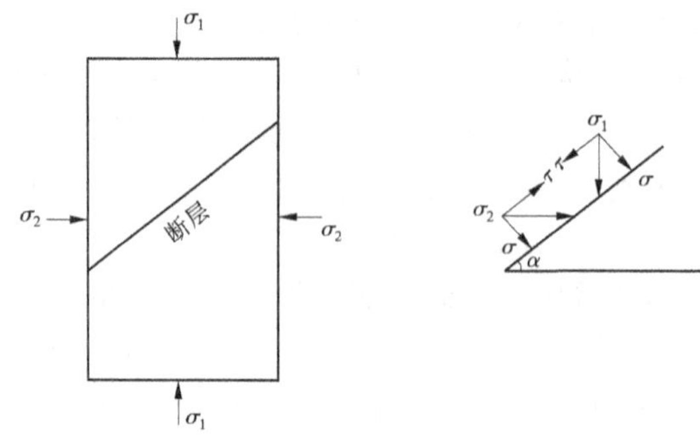

图 2-3　断层活化力学模型

设 α 为断层面的倾角，σ_1 为断层受到的最大主压力（方向垂直向下），σ_2 为最小压应力（方向水平），c 为断层面（岩石）的黏结系数，ψ 为岩石的内摩擦角，则

断层面上的剪切应力 τ 为

$$\tau = \sigma_1 \sin\alpha - \sigma_2 \cos\alpha \tag{2-3}$$

断层面上的正压应力 σ_n 为

$$\sigma_n = \sigma_1 \cos\alpha + \sigma_2 \sin\alpha \tag{2-4}$$

由摩尔-库仑破裂准则可知，在断层面上岩层最大抗滑强度 τ_n 为

$$\tau_n = c + \sigma_n \tan\psi \tag{2-5}$$

则断层面上盘发生活化的条件为

$$\tau \geqslant \tau_n \tag{2-6}$$

将式（2-6）取等号，并将 $\sigma_2 = \lambda\sigma_1$ 和式（2-3）、式（2-4）、式（2-5）代入式（2-6）中，整理得：

$$\sigma_1 = \frac{c}{(1 - \lambda\tan\psi)\sin\alpha - (\lambda + \tan\psi)\cos\alpha} \tag{2-7}$$

式中 λ——侧压系数；

σ_1——临界活化应力。

为了区别，断层活化的临界应力用 σ_c 表示，即：

$$\sigma_c = \frac{c}{(1 - \lambda\tan\psi)\sin\alpha - (\lambda + \tan\psi)\cos\alpha} \tag{2-8}$$

当采场断层活化时，在支撑压力的压实作用下，断层面产生了剪切运动成为突水通道，然而，断层面上原生的裂隙还处于紧密闭合状态。因此，活化是回采影响断层型突水中断层成为突水通道的必要条件，而不是充分条件。断层面中的裂隙张开与连通是断层成为突水通道的充分条件。

矿床的地质条件因素容易造成隐伏断层引起的底板突水，在某一特定的位置和延展方向上经常发生，隐伏构造为承压水煤层底板突水创造条件，断层破坏了岩层的完整性，在断层破碎带转折、交叉处及尖灭部位裂隙发育，形成破碎岩体，底板隔水层的强度有所降低，构造的存在导致有效隔水层厚度减小，大大增加突水危险性。井陉矿区断层突水统计如表 2-1 所示，井陉三矿在工作面掘进过程中，其中一个张性断裂带落差为 2 m，穿过巷道 3 次，煤层底板突水事故都没有发生；后期巷道掘进到断层尖灭处时，巷道的底板断层尖灭处突水主要是由放炮诱发引起的，突水量最大值为 68 m^3/min，导致淹井事故发生。

表 2-1 井陉矿区断层突水统计

断层突水位置	沿断层面的突水	断裂破碎带突水	断裂的交叉部位	尖灭处	拐弯处	其他
所占断层比例/%	74	23	54	16	10	20

焦作矿区煤层底板突水主要集中在分支断层与断层的“入”字形主干断层交叉部位，突水量还比较大。煤层底板突水中河南密县（现新密市）某矿发生在背斜部位处，突水部

位在一对“X”断裂交叉点处,突水量峰值 75 m^3/min,最终发生大巷淹没事故。

永城矿区滑动构造十分发育,主要滑动面为山西组底部煤层(二$_1$煤层)和石千峰砂岩底部。根据研究人员在登封地区的野外考察资料分析,滑动构造全部发育在软硬岩层的界面上,其中山西组底部煤层上下的滑动最为强烈。在郑州矿区登封一带,二$_1$煤底板地层层顺正常,顶板地层有不同程度的缺失,最大缺失量达 1 500 m,使得煤层和不同的地层接触。例如,石千峰组或三叠系红色砂岩与煤层接触,造成所谓的“红层压煤”现象。其他的几个主要滑动面是:奥陶系灰岩顶面、石千峰砂岩的底面和三叠系砂岩的底部。滑动构造使得滑动面上部地层裂隙很发育,野外考察发现,裂隙带的宽度达 3~10 m,裂隙带的延伸长度达数百米。其展部方向主要为 NWW,这和永城矿区车集煤矿 2401 工作面裂隙的方向一致。有关专家统计了我国 4 个大受水害影响的矿区,各个矿区突水工作面个数与受构造(尤其是断层)影响所占的比例如表 2-2 所示。

表 2-2 地质构造影响下底板工作面突水比例统计

矿区	突水工作面数/个	被断层影响个数/个	其他构造影响数/个	受构造影响占比/%	断层影响占比/%
峰峰	11	9	1	90.9	81.8
焦作	24	13	1	58.3	54.2
肥城	73	53	0	72.6	72.6
淄博	55	31	2	60.0	56.4
合计	163	106	4	67.5	65.0

通过表 2-2 可知,在 163 个突水工作面中,其中 110 个突水工作面都是在构造影响下,占整个突水工作面比例的 67.5%;106 个突水工作面是由断层影响的,占整个突水工作面比例的 65.0%;在断层影响下,突水工作面占地质构造影响突水工作面总数的比例最大,由此可见,断层活化直接影响大多数地质构造突水,在承压水与矿压共同作用下,受多次采动影响时,底板突水主要受隐伏断层影响。通过以上分析可总结出:

(1)突水通道一般为隐伏导水构造(导水断裂或岩溶陷落柱)。底板突水的导升通道由松散的破碎带形成。当断层与含水层贯通煤层时,在承压水水头压力作用下,断层破碎带形成底板突水通道,承压水沿突水通道裂隙进入采空区,煤层底板发生突水。

(2)断层破坏了岩层的完整性,在断层破碎带转折、交叉处及尖灭部位裂隙发育,形成破碎岩体,底板隔水层的强度有所降低。

(3)隐伏构造为承压水煤层底板突水创造条件,构造的存在导致有效隔水层厚度减小,大大增加了突水危险性。

2.3.2 承压水水压

岩溶含水层的富水性以及水压直接决定了突水与否和突水量大小,当底板下有效隔水层厚度相同时,随着承压水水压升高,底板破坏作用力将增大,这样更容易引发突水事故。在地下工程采动活动影响下,采场围岩的岩层发生破坏,承压水对岩层产生不稳定运动动力作用。在冲击性矿压的作用下,地下水来不及排泄而沿底板导升裂隙快速聚集,导致内水压瞬间快速升高,对煤层底板形成冲击水压,这种冲击性水压在煤层底板对裂隙具有很大的楔劈作用,使底板充水裂隙瞬间快速扩展,发生递进导升现象,当断层与含水层贯通煤层时,发生突水。水压和裂隙为递进导升提供条件。通过现场收集大量突水事故资料,统计分析了河南矿区典型煤矿煤层底板突水事故承压水递进导升高度,如表 2-3 所示。

表 2-3 河南矿区典型煤矿煤层底板突水事故承压水递进导升高度

矿井名称	最大导升高度/m	突水概率最大的导升高度/m	突水位置
焦作韩王煤矿	2.56	15~18	巷道底板突水
焦作李封煤矿	26.7	5~11	巷道底板突水
永城车集煤矿	176		工作面底板突水
登封告成煤矿	135		工作面底板突水
禹州梁北煤矿	75		工作面底板突水

华北地区的南缘淮南至登封、平顶山一带后期的推覆和滑动构造,导致二叠系煤层上下的构造不一致,形成了“两层皮”,石炭系地层和奥陶系地层的构造形式两者基本是一致的。出现导升现象的部位奥陶系地层具有裂隙发育和富水性强的特点。水压随工作面的推进呈锯齿脉冲形式出现,脉冲的周期和顶板周期来压相当,很可能为周期来压所致。由于观测密度不够,水压的锯齿波基本对称,但根据矿压的形成规律和裂隙水的排泄情况分析,锯齿波为不对称形态。曲线显示矿压能够造成下伏含水层水位瞬间的大幅度上升,有人将这种现象称为动水压力,这种现象是矿压造成的冲击水压。这种冲击水压具有一定的致裂作用,对煤层底板导升的递进发展具有不可忽视的意义。

2.3.3 矿山压力

在地下采动活动影响下,煤层天然平衡状态遭到破坏,围岩失稳变形,围岩的应力开始重新分布而形成的力学作用就是矿山压力。矿山压力对底板产生的作用主要表现为造成煤层底板破坏和对承压水产生动力作用。矿压作用大小的主要影响因素:原岩应力、采高与控顶距、煤层埋深、顶板的结构类型、工作面的设计尺寸及垮落后的碎胀系数。焦作矿区古汉山矿水文地质条件比较复杂,主要含水层为 L_8 灰岩水,含水层岩溶裂隙发育、富水性强,存在 L_2 灰岩补给 L_8 含水层的现象,目前,15 采区工作面开采期间共发生突水 15 次(均发生在断层构造附近),其中发生在单工作面见方、双工作面见方、三工作面见方影响区域内 13 次,占比高达 87%,古汉山矿 15 采区工作面开采突水位置如图 2-4 所示。

底板破坏程度与顶板管理方法有着密切关系,如采用留煤柱支撑法来控制顶板,可以大大减弱矿压对煤层顶板的破坏强度和对底板的破坏深度。通过在焦作矿区开展大量现场试验,经数据分析发现:初次来压之前采空区悬顶面积对矿区破坏作用有显著影响,当采空区悬顶面积过大时,顶板坚硬不容易坍塌,导致上部覆岩处于卸载状态,采空区底板

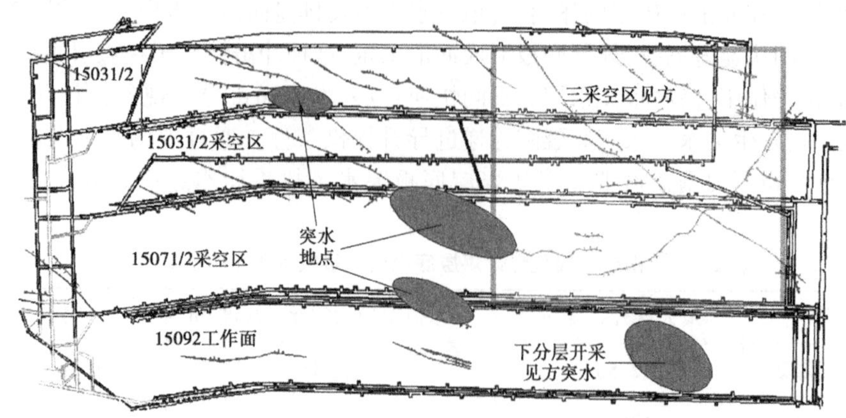

图 2-4 古汉山矿 15 采区工作面开采突水位置

受下伏承压水的作用,向上的力增大,加之剪力带在工作面附近形成应力集中,发生底板突水事故概率大大增加。因此,选择科学采煤方法和设计工作面尺寸对底板突水防治有着重要的意义。

2.3.4 底板隔水层厚度及岩性组合

煤层底板隔水层的厚度是评价底板隔水性能的重要参数指标之一。隔水层越厚,抵抗承压水破坏的能力越强。在各岩层岩性相同的情况下(也就是在弹性模量 E 、泊松比 ν 等参数均相同时),当隔水层厚度不同时,可以利用弹性薄板来分析各岩层,其曲线方程表达如下:

$$\nabla^2\nabla^2\omega = \frac{12(1-\nu^2)q}{Eh^3} \tag{2-9}$$

式中 ω——岩层的弯曲挠度;

ν——泊松比;

E——弹性模量;

h——各岩层厚度;

q——作用于薄板平面的荷载。

当隔水层厚度相同时,岩性组合直接关系岩石隔水能力,从式(2-9)可看出,在其他参数相同的条件下,岩层的弯曲挠度 ω 与 h^3 成反比,当各岩层厚度不同时,底板裂隙发育特征分如下几种情况讨论,如表 2-4 所示。

表 2-4 岩性相同条件下岩层厚度与底板弯曲挠度的关系

不同岩层厚度组合	特征
从上到下逐步增大 h	下部任一岩层 ω 均小于其上一岩层,每层弯曲相互独立,每层之间就会形成离层裂隙,这样不利于开采
中间某层 h 大于其他层	在这层 ω 较小,在其他层 ω 较大,其下部各岩层鼓起被该层抑制,与其上部岩层之间产生离层裂隙

续表 2-4

不同岩层厚度组合	特征
中间某层 h 小于其他层	在这层 ω 较小,在其他层 ω 较大,中间层将静止于其上下部各岩层之间,离层裂隙不明显
从上到下逐步减小 h	下部任一岩层 ω 均小于其上一岩层,下层的鼓起被上层抑制,各岩层之间不产生离层裂隙,这样对开采有利

从表 2-4 中分析得出,当岩层组合为“上厚下薄”时,底板裂隙的发育将被抑制,这样对开采有利。通过对式(2-9)分析,在其他参数相同的条件下,岩层的弯曲挠度 ω 与 E 成反比,根据不同排列组合的岩层强度,底板裂隙发育特征不同。河南矿区底板破坏与递进导升协同突水事故统计如表 2-5 所示。当岩层“上硬下软”时,底板裂隙的发育受到很大抑制,这样有利于开采。硬岩和软岩各有优点和缺点,底板岩层软硬交替可相互取长补短,在承压水和矿压作用下,更能抵抗底板破坏的变形,有利于抑制底板突水,使整体阻隔水性能达到最优,大大降低突水概率。综上所述,综合考虑隔水层厚度和岩性组合评价底板隔水层的隔水质量,可以为煤矿底板突水提供有利的技术支撑。

表 2-5 河南矿区底板破坏与递进导升协同突水事故统计

矿井名称	突水地点	水害类型	水源	水压/MPa	突水影响	突水原因
洛阳龙门矿	2003 工作面岩中巷	隐伏构造(裂隙)水	寒灰水	2.6	淹井	深部存在隐伏构造(裂隙),采动矿压诱导了闭合裂隙,原始承压水沿裂隙递进导升,有效隔水层厚度减少
义马新安矿	13151 工作面	底板灰岩水	O_2	2.8	淹工作面	奥灰水自然导升,煤层厚度变薄,受隐伏构造作用,薄弱底板遭到破坏,形成导水通道
义马孟津煤矿	11010 回采工作面	底板灰岩水	O_2	5.9	工作面泵房被淹	隔水层可能受隐伏构造破坏,隔水性能减弱,奥灰水突破底板薄弱隔水层
焦作矿区演马庄矿	25071 工作面	底板水	L_8	2	工作面停产	裂隙发育发生导升,L_8 灰岩水压大以及矿压的破坏,导致工作面突水

下面以突水事故案例(见表 2-5)分析底板破坏与递进导升协同突水影响因素。

由表 2-5 分析可知,水压和裂隙共同作用为地下水通过岩石裂隙逐渐上升提供必要,煤层底板具有导升现象的部位是构造发育部位,也是力学性质薄弱的部位,突水通道一般为隐伏断层、裂隙带等,岩溶含水层的富水性以及水压直接决定了突水与否和突水量大小,递进导升引起的突水是煤层底板突水的普遍形式,底板破坏与递进导升协同突水事故中隐伏构造为承压水煤层底板突水创造了条件。

2.4 底板破坏与递进导升现象观测

在采矿过程中,由于荷载的重新分布,裂隙周围的环境应力、含水层的水压发生了变化,致使导升高度向上递进扩展。当水头入侵至煤层底板采动破坏带时,地下水便涌出,这种形式的突水称为底板破坏与递进导升协同突水。具有导升高度的煤层底板是岩层的薄弱带,也是含水层的富水区,是突水的易发生区。为了进一步证实这一规律,验证底板破坏与递进导升协同突水现象存在,作者收集了大量资料进行分析。对义煤矿区所属矿井同一个位置进行两次物探,在通尺 370~390 m 处存在低阻异常区,见图 2-5。其中,横坐标代表探测位置,纵坐标代表探测距离,等值线值为视电阻率值。富水性较弱区段岩层的底板发生突水的可能性相对较小。试验表明在矿山压力和奥灰水压共同作用下,递进导升高度有升高的趋势,证实了底板采动破坏与递进导升协同突水这一现象存在的可能性。

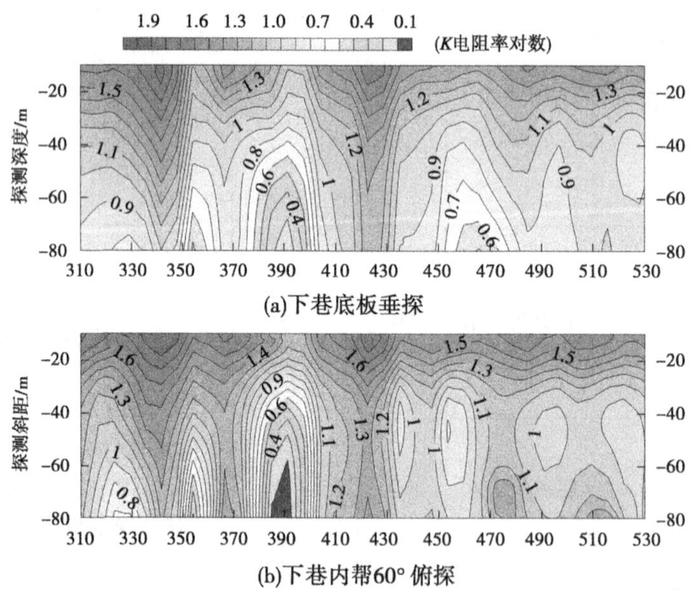

图 2-5 工作面下巷瞬变电磁勘探视电阻率剖面图

在义煤矿区所属矿井通过物探观察递进导升现象,该矿主要含水层为奥陶系灰岩含水层。从二$_1$ 煤层底板到奥灰含水层平均厚 50 m,岩溶不均匀发育,工作面煤层底板水位标高为+250 m 左右,其奥灰水水压约 2.2 MPa, HCO_3-Ca · Mg 水化学类型为本区主要含水层。图 2-5 为第一次底板勘探时工作面的物探成果解释图，针对低阻异常区位置首先钻探验证，钻探异常区域时进行注浆加固。为了更进一步保证安全回采，随着工作面回采到异常区位置，利用物探复查原来低阻异常区，物探结果解释显示，此区域位置仍存在低阻异常现象，结果与前次物探异常区相重叠，见图 2-6。2012 年 1 月 16 日，该工作面下巷 11#钻场出水，初始涌水量约 50 m^3/h；17 日，涌水量约 370 m^3/h，经水样化验，水质类型为 HCO_3-Ca · Mg 型，表现为明显的奥灰水特征。突水初期，现场看到主突水点沿同一方向朝煤墙内部延伸。结合井上下堵水钻孔揭露情况分析，突水通道应为在原岩应力、水压、矿压等综合作用下薄弱底板隔水层被突破而形成的压裂式的非单一导水通道。

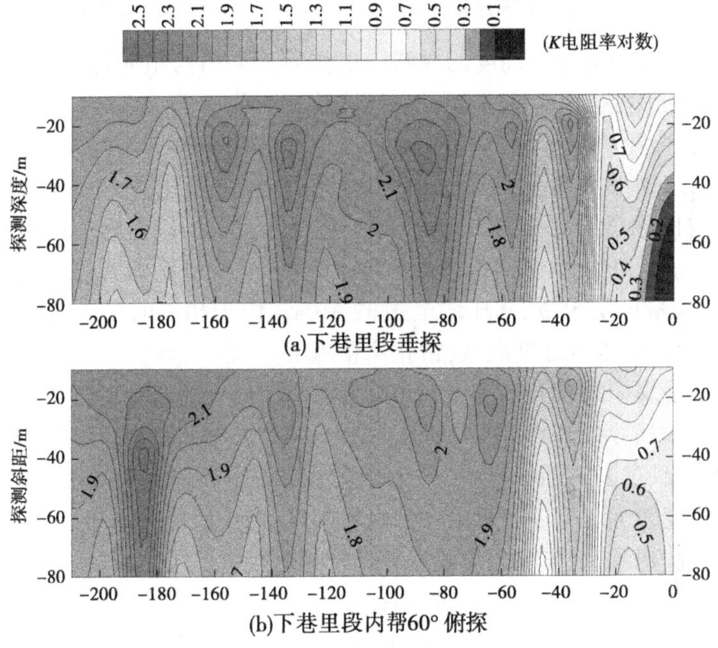

图 2-6 工作面注浆段复查剖面图

从图 2-7 看出，两次在同位置进行物探，其低阻异常区存在相互重叠，将图 2-6 与图 2-5 两次物探低阻异常区进行对比，低阻区向煤层底板方向扩展区域增加，可以看出在矿山压力和奥灰水压共同作用下，导升高度有升高的趋势。随着工作面回采到异常区位置，底板第一次物探异常区也没注浆改造加固，现场物探工程结束 15 d 后，在图 2-5 中 11#钻场侧帮煤壁两次物探低阻异常区相互重叠处发生了最大突水量约 700 m^3/h 的奥灰突水事故，严重影响煤矿的安全生产。

邯郸矿区煤矿工作面开采的是石炭系底部下架煤，煤层底板隔水层厚度为 18 m，工作面煤层底板标高+48～+58 m，奥陶系含水层的水位标高为+133.4 m。如果导升高度足够大很可能和底板破坏区对接，为此在采前对煤层底板的导升高度进行了电法探测。探测结果是靠近断层的测点处显示电阻率低异常，电法解译为导升高度小于 3 m。后经打钻探查，异常区的导升高度仅为 1.2 m，而其他非异常区钻孔没有发现导升现象。

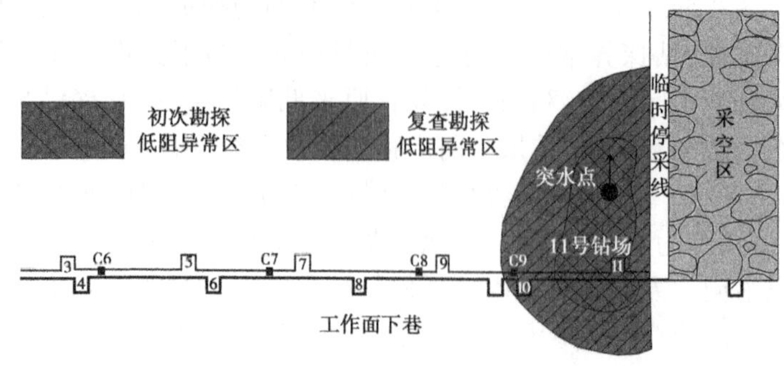

图 2-7 回采面下巷异常区分布图(图中突水点为推测突水点)

皖北矿区煤矿工作面导升高度的探测。工作面开采山西组底部煤层,煤层受到下伏56 m深的太原组压力达4.05 MPa灰岩水的威胁。工作面形成后,在轨道巷的切眼处约有20 m长巷道内发生底板渗水,水量约20 m^3/h,水质为灰岩砂岩的混合水。为了防止导升高度过大引起回采时突水,对渗水段采用打钻探查。钻孔在10 m深以内,水量没有变化,约为1 m^3/h,水压为0.25 MPa,灰岩水的含量为33%;以后随着深度的增加水量逐渐增加,灰岩水压力和含量也不断增加。当钻至35 m深达到海相泥岩时,水量增至15 m^3/h,灰岩水的含量增至55%,水压增至2.32 MPa。由于相邻的煤矿在邻近的巷道发生突水,工作面轨道巷的水量逐渐衰减,钻孔停止施工。

淄博矿区岭子煤矿的导升高度探测。某采区煤层底板隔水层的厚度为36 m,下伏为本溪组,一般为泥岩隔水层,其水压约为5.5 MPa。下伏55 m为奥陶系灰岩强含水层,水压约为5.55 MPa。过去的钻探发现,矿区存在显著的承压水导升高度,在本采区上节回采时曾因导升高度较大发生了严重的煤层底板突水,为了防止突水再次发生,在采区的下山进行了直流电法探测,结果在下山的变坡处发现底板视电阻率异常,钻探穿过煤层底板并没有发现导升现象,揭露徐庄灰岩时,钻孔并不富水,继续钻探进入徐庄组灰岩属寒武系底板粉砂岩5 m时见有奥灰水涌出,水量小于10 m^3/h,水压为2.33 MPa(不稳定,水压仍然在缓慢地增长着);进入粉砂岩7 m时,水量增至20 m^3/h,水压为5.24 MPa;当进入10.5 m时,水量猛增至320 m^3/h,水压为5.45 MPa。分析可知,此处的导升为奥灰水引起,导升高度约为15 m。

通过分析上述工作面的导升高度探查资料可知,进入导升带后,越接近含水层,钻孔的水压越高,水量越大,水质越接近灰岩水的水质。但是在没有到达含水层之前水压总是小于含水层的水压。具有导升现象的地段是含水层的富水区,导升的形成地区是煤层底板的薄弱地带。由此可以推断出,递进导升突水是煤层底板突水的普遍形式,导升造成的突水危害性很大。

2.5 本章小结

(1)通过对河南受水害严重的焦作、郑州以及永城矿区的突水资料进行分析,得出底板薄弱地带是易发突水位置,突水通道一般为隐伏断层、裂隙带等;突水水源为富水性极强、水压高和补给充足的奥灰水。岩溶含水层的富水性以及水压直接决定了突水与否和突水量大小。隔水层有效厚度是承压水开采的安全屏障和突水的阻抗因素;底板突水的诱导因素是采掘活动和矿山压力。

(2)底板破坏与递进导升协同突水影响因素主要有地质构造、矿山压力、承压水水压、底板隔水层含水层的富水性、厚度及岩性组合等,其中隐伏构造为承压水煤层底板突水创造条件,构造的存在导致有效隔水层厚度减小,大大增加突水危险性;含水层的富水特征是突水的前提条件;矿山压力对底板产生的作用主要表现为煤层底板产生破坏和承压水产生动力作用;底板隔水性能评价的重要参数指标就是煤层底板隔水层的厚度;底板突水是综合多种因素共同作用的结果。

(3)通过对义煤矿区所属矿井同一个位置进行两次物探和对其他矿区导升高度探查资料分析发现,在矿山压力和奥灰水压共同作用下,进入导升带后,越接近含水层,钻孔的水压越高,水量越大,水质越接近灰岩水的水质,且递进导升高度有升高的趋势,证实了底板采动破坏与递进导升协同突水这一现象存在的可能性。义煤矿区所属矿井同一个位置的两次物探试验结果表明,递进导升高度有升高的趋势,证实了底板采动破坏与递进导升协同突水这一现象存在的可能性。

(4)在承压水和矿压的影响下,水压和裂隙为递进导升提供条件,裂隙是地壳运动对岩层的破坏痕迹,是地下水的储存空间和运移通道。构造发育和力学性质薄弱区域也是煤层底板导升现象容易出现的部位。由此可以推断出,递进导升突水是煤层底板突水的普遍形式,导升造成的突水危害性很大。

3 底板破坏与递进导升协同突水机制研究

通过突水案例原因分析，底板岩层破裂与递进导升协同作用下，导致底板导升裂隙扩展，递进导升高度继续上升，直至渗入底板破坏区域相互连通，最后形成底板突水通道，承压水沿突水通道裂隙进入采空区，煤层底板发生突水。本章通过建立力学模型，研究底板破坏与递进导升协同突水机制。

3.1 煤层底板裂隙扩展数学模型

现假设煤层底板的破坏和导升裂隙是在一个平板内的二维裂纹，在均匀环境应力条件下，这样小的空间允许煤层底板存在断层和裂隙的尖灭端，研究其裂纹尖端区域的应力场和位移场是科学合理的。

3.1.1 裂纹尖端区域的应力场和位移场

在外界因素作用下，裂纹尖端附近的应力场(见图3-1)直接关系着裂纹是否扩展。Irwin 提出裂纹尖端应力强度因子，还对裂纹尖端附近应力场进行了研究，基于裂纹尖端应力强度因子建立的断裂判据广泛应用到现场工程。

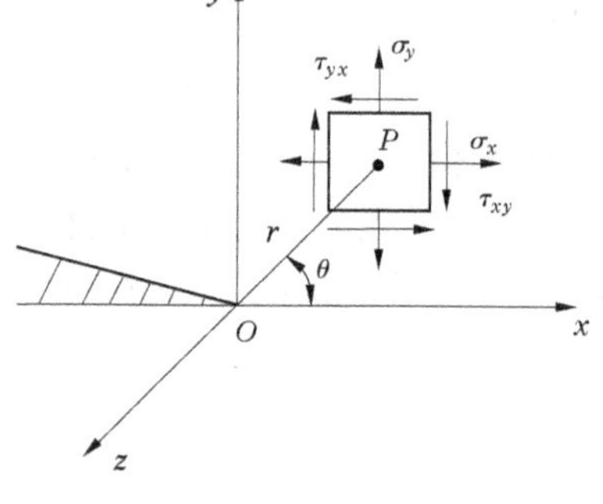

图 3-1 裂纹尖端附近应力场

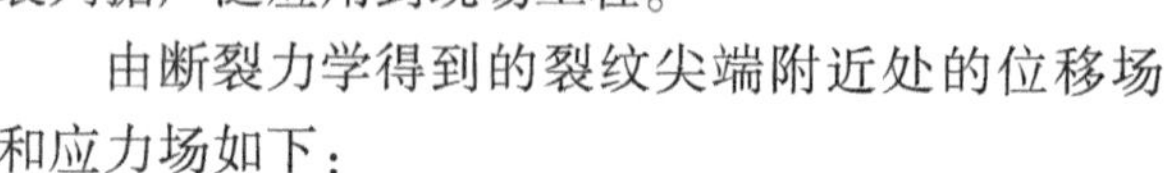

由断裂力学得到的裂纹尖端附近处的位移场和应力场如下：

对于 I 型裂纹应力为

$$\left.\begin{matrix}\sigma_x\\ \sigma_y\\ \tau_{xy}\end{matrix}\right\} = \frac{K_{\mathrm{I}}}{\sqrt{2\pi r}}\cos\frac{\theta}{2}\left\{\begin{matrix}\left(1-\sin\frac{\theta}{2}\sin\frac{3}{2}\theta\right)\\ \left(1+\sin\frac{\theta}{2}\sin\frac{3}{2}\theta\right)\\ \sin\frac{\theta}{2}\cos\frac{3}{2}\theta\end{matrix}\right\} + O(r^0) \tag{3-1}$$

位移为

$$\left.\begin{matrix}u\\ v\end{matrix}\right\} = \frac{K_{\mathrm{I}}}{\mu(1+v')}\sqrt{\frac{r}{2\pi}}\left\{\begin{matrix}\cos\frac{\theta}{2}\left[(1-v')+(1+v')\sin^2\frac{\theta}{2}\right]\\ \sin\frac{\theta}{2}\left[2-(1+v')\cos^2\frac{\theta}{2}\right]\end{matrix}\right\} + O(r) \tag{3-2}$$

对于Ⅱ型裂纹应力为

$$\left.\begin{matrix}\sigma_x\\ \sigma_y\\ \tau_{xy}\end{matrix}\right\}=\frac{K_{\mathrm{II}}}{\sqrt{2\pi r}}\left\{\begin{matrix}-\left(2-\cos\frac{\theta}{2}\cos\frac{3\theta}{2}\right)\\ \sin\frac{\theta}{2}\cos\frac{\theta}{2}\cos\frac{3\theta}{2}\\ \cos\frac{\theta}{2}\left(1-\sin\frac{\theta}{2}\cos\frac{3\theta}{2}\right)\end{matrix}\right\}+O(r^0) \tag{3-3}$$

位移为

$$\left.\begin{matrix}u\\ v\end{matrix}\right\}=\frac{K_{\mathrm{II}}}{\mu(1+v')}\sqrt{\frac{r}{2\pi}}\left\{\begin{matrix}\sin\frac{\theta}{2}\left[2+(1+v')\cos^2\frac{\theta}{2}\right]\\ \cos\frac{\theta}{2}\left[(-1+v')+(1+v')\sin^2\frac{\theta}{2}\right]\end{matrix}\right\}+O(r) \tag{3-4}$$

对于Ⅲ型裂纹应力为

$$\left.\begin{matrix}\tau_{xy}\\ \tau_{yz}\end{matrix}\right\}=\frac{K_{\mathrm{III}}}{\sqrt{2\pi r}}\left\{\begin{matrix}-\sin\frac{\theta}{2}\\ -\cos\frac{\theta}{2}\end{matrix}\right\}+O(r^0) \tag{3-5}$$

位移为

$$w=\frac{K_{\mathrm{III}}}{u}\sqrt{\frac{2r}{\pi}}\left\{\begin{matrix}-\sin\frac{\theta}{2}\\ \cos\frac{\theta}{2}\end{matrix}\right\}+O(r^0) \tag{3-6}$$

以上各式中

$$v'=\begin{cases}v(\text{平面应力})\\ \dfrac{v}{1-v}(\text{平面应变})\end{cases}$$

$$\mu=\frac{E}{2(1+v)}(\text{材料的剪切弹性模量})$$

$$\sigma_z=\begin{cases}0(\text{平面应力})\\ v(\sigma_x+\sigma_y)(\text{平面应变})\end{cases}$$

式中　σ_x——在 x 轴方向上的应力；

σ_y——在 y 轴方向上的应力；

τ_{xy}——x 面上沿 y 轴方向的剪应力；

r——从坐标原点到研究点的径向距离；

θ——研究点与 x 轴的夹角；

E——材料弹性模量；

K_{I}，K_{II}，K_{III}——Ⅰ型、Ⅱ型、Ⅲ型裂纹的应力强度因子；

v——材料的泊松比。

裂纹开裂的判据为：

$$\begin{cases} K_{\mathrm{I}} \geqslant K_{\mathrm{IC}} \\ K_{\mathrm{II}} \geqslant K_{\mathrm{IIC}} \\ K_{\mathrm{III}} \geqslant K_{\mathrm{IIIC}} \end{cases} \tag{3-7}$$

在 $r << a$ 的区域，$O(r^0)$ 和 $O(r)$ 可省略，否则不能省略。在距尖端较远的区域，两者的误差如表 3-1 所示。

表 3-1　首项奇异解与全解比较

r	0.02a	0.04a	0.06a	0.08a	0.10a	0.20a
误差/%	1.48	2.88	4.25	5.59	6.83	12.6

注：a 为裂纹长度。

3.1.2　裂隙的扩展长度

Heok 研究了压应力或压剪应力状态下单个分支裂纹扩展问题，并且节理岩体中多裂纹的扩展问题对裂纹的连通、导升高度的发展也很重要。朱维申等在这方面做了很多有意义的工作。考虑无限大平面中任意两条相邻且长度为 $2a$ 的雁行裂纹，裂纹和 σ_1 的夹角为 φ，裂纹的受力情况如图 3-2 和图 3-3 所示。

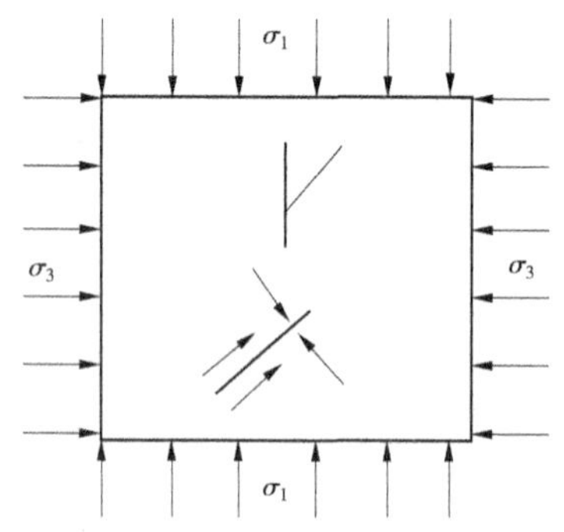

图 3-2　雁行裂纹受力分析单元

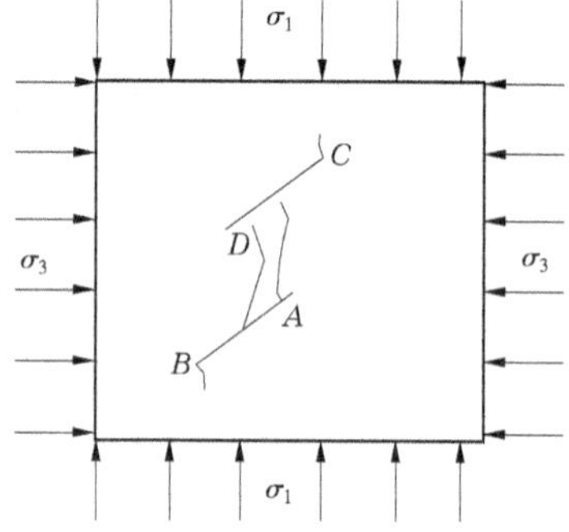

图 3-3　岩桥拉张型破坏模型

Ashby 经过一系列的推导，求出了 Ⅰ 型裂纹应力强度因子与裂纹扩展长度的关系为

$$K_{\mathrm{I}} = \frac{\sqrt{a}F}{\sqrt{1+L}\cdot\sqrt{1+L^2+2L\cos\varphi}}\left\{\frac{\alpha_1}{\alpha_2}T_x\left[1-\frac{1}{6(1+L)^2}\right]+\frac{\alpha_2}{2\alpha_3}\cdot\sigma_3 L\right\}\cdot \left\{\beta_n L\sin\varphi+\frac{1+L\cos\varphi}{\sqrt{1+L}}\right\} \tag{3-8}$$

式中　$L=l/a$（l 为裂纹扩展长度；a 为裂纹长度）；

F——裂纹间互相作用的影响系数；

φ——裂纹与水平方向夹角；

T_x——裂纹面上的驱动力；

β_n——定常数（0.4~1.0）；

α_1——考虑原生裂纹与分支裂纹构成的弯曲裂纹的修正系数；

α_2——裂纹形状的修正系数；

α_3——次生裂纹的修正系数。

根据 $L=0$ 或 $L>>1$ 时的结果确定 $\frac{\alpha_1}{\alpha_3}$ 及 $\frac{\alpha_2}{\alpha_3}$ 的值。

当 $L=0$ 时，式(3-8)为

$$K_{\mathrm{I}} = \sqrt{\alpha} \cdot \frac{5\alpha_1}{6\alpha_3} T_x \cdot F \tag{3-9}$$

而此时的起裂条件为

$$K_{\mathrm{I}} = \frac{2}{\sqrt{3}} T_x \cdot \sqrt{\pi a} F \tag{3-10}$$

则有

$$\frac{\alpha_1}{\alpha_3} = \frac{12\sqrt{\pi}}{5\sqrt{3}} \tag{3-11}$$

当 $L>>1$ 且 σ_3 方向为拉时，K_{I} 减小为 $\sigma_3\sqrt{\pi l}F$，式(3-8)简化为

$$K_{\mathrm{I}} = \frac{\beta_{\mathrm{n}}\alpha_2}{2\alpha_3} \sigma_3 \sqrt{l} \cdot F \tag{3-12}$$

$$\frac{\alpha_1}{\alpha_3} = \frac{2}{\beta_{\mathrm{n}}} \sqrt{\pi} \tag{3-13}$$

将式(3-11)、式(3-12)代入式(3-8)可得分支裂纹增长过程中其尖端的应力强度因子 K_{I} 为

$$K_{\mathrm{I}} = \frac{\sqrt{\pi a} F}{\sqrt{1+L} \cdot \sqrt{1+L^2+2L\cos\varphi}} \left\{ \frac{12}{5\sqrt{3}} T_x \left[1 - \frac{1}{6(1+L)^2} \right] + \frac{\sigma_3 L}{\beta_{\mathrm{n}}} \right\} \cdot \left\{ \beta_{\mathrm{n}} L \sin\varphi + \frac{1+L\cos\varphi}{\sqrt{1+L}} \right\} \tag{3-14}$$

当 $K_{\mathrm{I}}=K_{\mathrm{IC}}$ 时，裂纹停止扩展，由此求出扩展长度 l。

3.1.3 不连续节理岩体强度分析

在矿山压力影响下，随着工作面开挖过程，导致开挖面周围荷载变化，从而底板岩层节理裂隙由张开、闭合、扩展到贯通的变化过程，即引起岩桥的贯通。开展现场大型试验研究不连续节理岩体的强度特征非常困难，因此应用宏观概化的等价模型研究岩桥的破坏过程、模式及其强度特征显得尤为重要，岩桥破坏模型如图 3-4 所示。

3.1.3.1 岩桥张拉型破坏

张性翼裂纹扩展而贯通形成岩桥，且沿主压应力 σ_1 方向扩展分支翼裂纹，h_0 为雁行裂纹的垂直间距，根据断裂力学理论，则分支裂纹的扩展长度 l 为

$$l = h_0 / \cos\varphi \tag{3-15}$$

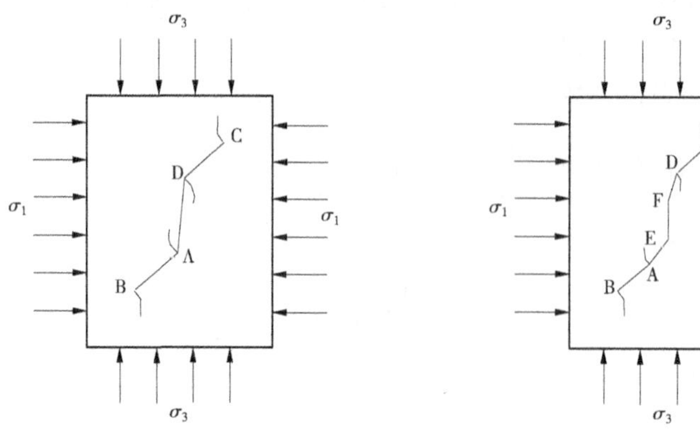

(a)岩桥剪切破坏模型　　　　(b)岩桥拉剪复合破坏模型

图 3-4　岩桥破坏模型图

$$K_{\mathrm{I}}=\frac{\sqrt{\pi a}F}{\sqrt{1+L}\cdot\sqrt{1+L^{2}+2L\cos\varphi}}\cdot$$

$$\left\{\frac{12}{5\sqrt{3}}(\sigma_{xy}+f_{\mathrm{S}}\sigma_{xx})\left[1-\frac{1}{6(1+L)^{2}}\right]+2.5\sigma_{3}L\right\}\cdot\left\{0.4L\sin\varphi+\frac{1+L\cos\varphi}{\sqrt{1+L}}\right\}\quad(3\text{-}16)$$

则岩桥的贯通强度为

$$\sigma_{1}=\frac{K_{\mathrm{IC}}\sqrt{1+L}\sqrt{1+L^{2}+2L\cos\varphi}}{F\sqrt{\pi a}\left(0.4L\sin\varphi+\dfrac{1+L\cos\varphi}{1+L}\right)}-\frac{\sigma_{3}\left\{\dfrac{12}{5\sqrt{3}}\dfrac{C_{\mathrm{t}}\sin^{2}\varphi}{2}+C_{\mathrm{n}}f\cos^{2}\varphi\cdot\left[1-\dfrac{1}{6(1+L)^{2}}\right]+2.5L\right\}}{\dfrac{12}{5\sqrt{3}}\left(C_{\mathrm{n}}f\sin^{2}\varphi-\dfrac{C_{\mathrm{t}}}{2}\sin2\varphi\right)\cdot\left[1-\dfrac{1}{6(1+L)^{2}}\right]}\quad(3\text{-}17)$$

3.1.3.2　岩桥剪切型破坏

当最终破坏属于如式(3-16)所示的剪切型岩桥时,岩桥面剪切破坏同时满足摩尔-库仑准则,可得

$$\frac{1}{2}(\sigma_{3}-\sigma_{1})\sin2\alpha+f_{\mathrm{r}}(\sigma_{1}\sin^{2}\alpha+\sigma_{1}\cos^{2}\alpha)+C_{\mathrm{r}}=0\quad(3\text{-}18)$$

则岩桥贯通强度 σ_1 为

$$\sigma_{1}=\frac{\sin2\alpha+2f_{\mathrm{r}}\cos^{2}\alpha}{2f_{\mathrm{r}}\sin^{2}\alpha-\sin2\alpha}\sigma_{3}-\frac{2C_{\mathrm{r}}}{2f_{\mathrm{r}}\sin^{2}\alpha-\sin2\alpha}\quad(3\text{-}19)$$

式中　α——岩桥倾角(°);

f_{r}——岩石的摩擦系数;

C_{r}——岩石黏结力。

3.1.3.3　岩桥拉剪复合型破坏

由于产生的张拉裂纹 EF 首先出现在岩桥中部,和原生裂纹 AB、CD 扩展产生的剪切裂纹 AF、CE 发生连通引起岩桥的拉剪复合型破坏,如图 3-4(b)所示。假定估算岩桥的贯通强度如下:

(1)沿 σ_1 方向张拉裂纹 EF,且表面点 EF 法向应力均达到材料的抗拉强度 σ_t。

(2)由摩尔-库仑准则可知,剪切裂纹 AF、CE 面上的应力状态满足该准则。

根据力的平衡条件 $\sum F_x = 0, \sum F_y = 0$ 得

$$\left.\begin{aligned} h_1\sigma_t + 4a\tau_j\sin\varphi + 4a\sigma_j\cos\varphi + 4l\tau_r\sin\alpha - 4l\sigma_r\cos\alpha - \sigma_3(4a\cos\varphi + 4l\cos\alpha) = 0 \\ 4a\tau_j\cos\varphi - 4a\sigma_j\sin\varphi + 4l\tau_r\cos\alpha - 4l\sigma_r\sin\alpha - \sigma_1(4a\sin\varphi + 4l\sin\alpha) = 0 \end{aligned}\right\} \tag{3-20}$$

由式(3-20)及 $\sigma_r f_r + C_r + \tau_r = 0$,得

$$\begin{gathered} h_1\sigma_t(\sin\alpha + f_r\cos\alpha) + 4a\tau_j[f_r\sin(\varphi - \alpha) + \cos(\alpha - \varphi)] + \\ 4l\tau_r\sin\alpha - 4l\sigma_r\cos\alpha - \sigma_3(4a\cos\varphi + 4l\cos\alpha) \cdot \\ (\sin\alpha + f_r\cos\alpha) + \sigma_1(4a\sin\varphi + 4l\sin\alpha)(-f_r\sin\alpha + \cos\alpha) = 0 \end{gathered} \tag{3-21}$$

由式(3-21)得岩桥的贯通强度为

$$\sigma_1 = \frac{h\sigma_t(\sin\alpha + f_r\cos\alpha) - 4lC_r + B\sigma_3}{A} \tag{3-22}$$

$$\begin{aligned} A =& -(4a\sin\varphi + 4l\sin\alpha)(-f_r\sin\alpha + \cos\alpha) + 2aC_t\sin2\varphi[-f_r\sin(\alpha - \varphi) + \\ & \cos(\alpha - \varphi)] - 4aC_n\sin^2\varphi[f_r\cos(\alpha - \varphi) + \sin(\alpha - \varphi)] \\ B =& -(4a\cos\varphi + 4l\cos\alpha)(\sin\alpha + f_r\cos\alpha) + 2aC_t\sin2\varphi[-f_r\sin(\alpha - \varphi) + \\ & \cos(\alpha - \varphi)] + 4aC_n\cos^2\varphi[f_r\cos(\alpha - \varphi) + \sin(\alpha - \varphi)] \end{aligned} \tag{3-23}$$

式中 σ_1——岩桥的贯通强度,MPa;

σ_t——岩石的单轴抗拉强度,MPa;

τ_j——节理方向上的剪应力;

σ_j——主应力垂直节理方向上的分量;

C_r——岩石黏结力,MPa;

f_r——岩石的摩擦系数。

煤层底板导升断裂尖端以上区域并非完整底板岩层,而是由大量岩桥和微裂隙构成的损伤地带。原生细观损伤结构——岩桥是促进导升的基本条件,岩桥断裂,微裂隙沟通,造成导升裂隙尖端扩展和地板对应区的破坏度加大岩桥的破坏是递进导升和底板破坏协同突水的前提条件。底板的加深破坏与递进导升协同演化是控制底板突水的关键因素。

3.2 采动过程中岩体变形对水压的影响

3.2.1 基本微分方程

在孔隙中充满流体的岩石内,取长度分别为 Δx、Δy、Δz 的六面体。流体沿坐标轴方向作 v_x、v_y、v_z 为渗透速度分量,ρ 为流体密度,如图 3-5 所示,取平行于坐标平面 yOz 的两个面 $abcd$ 和 $a'b'c'd'$,其面积为 $\Delta y\Delta z$。

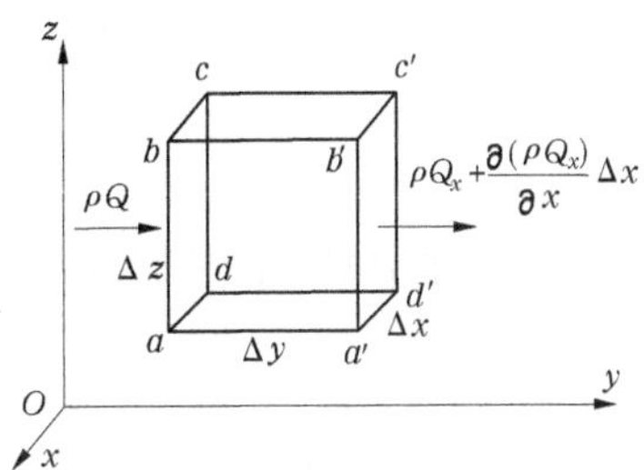

图 3-5 渗流区域中的单元体

在 Δt 时间内流入六面体左面 $abcd$ 的流体质量为

$$\rho Q_x \Delta t = \rho v_x \Delta y \Delta z \Delta t \tag{3-24}$$

流出六面体右面 $a'b'c'd'$ 的流体质量为

$$\left[\rho Q_x + \frac{\partial(\rho Q_x)}{\partial x}\Delta x\right]\Delta t = \left[\rho v_x \Delta y \Delta z + \frac{\partial(\rho Q_x)}{\partial x}\Delta x \Delta y \Delta z\right]\Delta t \tag{3-25}$$

因此，Δt 时间内流入、流出六面体流体的质量差总和为

$$-\left[\frac{\partial(\rho v_x)}{\partial x} + \frac{\partial(\rho v_y)}{\partial y} + \frac{\partial(\rho v_z)}{\partial z}\right]\Delta x \Delta y \Delta z \Delta t \tag{3-26}$$

在单元体内，液体所占的体积为 $n\Delta V = n\Delta x \Delta y \Delta z$，其中孔隙度为 n。单元体内液体的质量为 $\rho n \Delta x \Delta y \Delta z$。在 Δt 时间内液体的质量变化为

$$\frac{\partial(\rho n \Delta x \Delta y \Delta z)}{\partial t}\Delta t \tag{3-27}$$

根据质量守恒定律，两者在数值上应该相等，即

$$-\left[\frac{\partial(\rho v_x)}{\partial x} + \frac{\partial(\rho v_y)}{\partial y} + \frac{\partial(\rho v_z)}{\partial z}\right]\Delta x \Delta y \Delta z = \frac{\partial}{\partial t}(\rho n \Delta x \Delta y \Delta z) \tag{3-28}$$

式(3-28)为流体渗流的连续性方程，在单元体受力过程中，体积、孔隙度将会引起变化，最终形成孔隙中流体运动并同时满足流体渗流的连续性方程。

因 $\Delta V = \Delta x \Delta y \Delta z$ ，所以连续性方程的右边可写成

$$\frac{\partial}{\partial t}(\rho n \Delta V) = \rho n \frac{\partial(\Delta V)}{\partial t} + \rho \Delta V \frac{\partial n}{\partial t} + n \Delta V \frac{\partial \rho}{\partial t} \tag{3-29}$$

下面针对式(3-29)最后三项进行讨论：

$$①\rho n \frac{\partial(\Delta V)}{\partial t}$$

设 ε_θ 为单元体岩石骨架的体积应变，体积应变微分表达式为

$$\mathrm{d}\varepsilon_\theta = -\frac{\mathrm{d}(\Delta V)}{\Delta V} \tag{3-30}$$

即

$$\mathrm{d}(\Delta V) = -\Delta V \mathrm{d}\varepsilon_\theta$$

于是有

$$\frac{\partial(\Delta V)}{\partial t} = -\Delta V \frac{\partial \varepsilon_\theta}{\partial t} \tag{3-31}$$

所以

$$\rho n \frac{\partial(\Delta V)}{\partial t} = -\rho n \Delta V \frac{\partial \varepsilon_\theta}{\partial t} \tag{3-32}$$

$$②\rho \Delta V \frac{\partial n}{\partial t}$$

设单元体中岩石固体颗粒的体积为 ΔV_s，则

$$\Delta V_s = (1-n)\Delta V \tag{3-33}$$

将上式全微分

$$\mathrm{d}(\Delta V_s) = \mathrm{d}[(1-n)\Delta V] = \Delta V \mathrm{d}(1-n) + (1-n)\mathrm{d}(\Delta V)$$

于是

$$dn = \frac{(1-n)d(\Delta V) - d(\Delta V_s)}{\Delta V} = -n\frac{d(\Delta V)}{\Delta V} \tag{3-34}$$

设固体颗粒的体积应变为 ε_s，其微分表达式为

$$d\varepsilon_s = -d(\Delta V_s)/\Delta V_s \tag{3-35}$$

将式(3-30)和式(3-35)代入式(3-34)可得

$$dn = (1-n)(d\varepsilon_s - d\varepsilon_\theta)$$

即

$$\frac{\partial n}{\partial t} = (1-n)\left(\frac{\partial \varepsilon_s}{\partial t} - \frac{\partial \varepsilon_\theta}{\partial t}\right) \tag{3-36}$$

$$③\Delta V n\frac{\partial \rho}{\partial t}$$

下面针对此项流体的状态讨论孔隙中的液体。

设液体的体积弹性模量为 $E_{\bar{w}}$，根据体积弹性模量的定义可知：

$$dP = -E_{\bar{w}}\frac{d(\Delta V_{\bar{w}})}{\Delta V_{\bar{w}}} \tag{3-37}$$

式中　$\Delta V_{\bar{w}}$——液体在单元体中所占的体积；

P——孔隙在液体中承受的压强。

由质量守恒定律可知，$\rho\Delta V_{\bar{w}}$ 为常数，其全微分为零，即

$$d(\rho\Delta V_{\bar{w}}) = 0$$

亦即

$$d\rho = -\rho\frac{d(\Delta V_{\bar{w}})}{\Delta V_{\bar{w}}} \tag{3-38}$$

将式(3-37)代入式(3-38)可得

$$d\rho = \frac{\rho}{E_{\bar{w}}}dP$$

$$\frac{\partial \rho}{\partial t} = \frac{\rho}{E_{\bar{w}}}\frac{\partial P}{\partial t}$$

所以

$$n\Delta V\frac{\partial \rho}{\partial t} = \frac{n\Delta V\rho}{E_{\bar{w}}}\frac{\partial P}{\partial t} \tag{3-39}$$

对于液体而言，连续性方程的右边等于式(3-32)、式(3-34)、式(3-39)三式之和，即

$$\begin{aligned}\frac{\partial}{\partial t}(\rho n\Delta V) &= -\rho n\Delta V\frac{\partial \varepsilon_\theta}{\partial t} + \rho\Delta V(1-n)\left(\frac{\partial \varepsilon_s}{\partial t} - \frac{\partial \varepsilon_\theta}{\partial t}\right) + \frac{\rho n\Delta V}{E_{\bar{w}}}\frac{\partial P}{\partial t} \\ &= -\rho\Delta V\left[\frac{\partial \varepsilon_\theta}{\partial t} - (1-n)\frac{\partial \varepsilon_s}{\partial t} - \frac{n}{E_{\bar{w}}}\frac{\partial P}{\partial t}\right]\end{aligned} \tag{3-40}$$

现在讨论连续性方程的左边，即

$$-\left[\frac{\partial(\rho v_x)}{\partial x}+\frac{\partial(\rho v_y)}{\partial y}+\frac{\partial(\rho v_z)}{\partial z}\right]\Delta V$$

$$=-\rho\Delta V\left[\frac{\partial v_x}{\partial x}+\frac{\partial v_y}{\partial y}+\frac{\partial v_z}{\partial z}\right]-\Delta V\left[v_x\frac{\partial\rho}{\partial x}+v_y\frac{\partial\rho}{\partial y}+v_z\frac{\partial\rho}{\partial z}\right] \quad (3\text{-}41)$$

从式(3-41)中可知,液体存在很小压缩性,式中第二项小到可忽略不计,则液体连续性方程左边就变为

$$\text{左边}=-\rho\Delta V(\frac{\partial v_x}{\partial x}+\frac{\partial v_y}{\partial y}+\frac{\partial v_z}{\partial z}) \quad (3\text{-}42)$$

由连续性方程可得,对于液体,式(3-40)等于式(3-42),即有

$$\frac{\partial v_x}{\partial x}+\frac{\partial v_y}{\partial y}+\frac{\partial v_z}{\partial z}=\frac{\partial\varepsilon_\theta}{\partial t}-(1-n)\frac{\partial\varepsilon_s}{\partial t}-\frac{n}{E_{\bar{w}}}\frac{\partial P}{\partial t} \quad (3\text{-}43)$$

在各向同性均质的介质中,当气体在低压和重力效应被忽略时的涡流效应,液体和气体都满足下列形式的达西定律:

$$v_x=-\frac{K}{\mu}\frac{\partial P}{\partial x} \quad (3\text{-}44)$$

$$v_y=-\frac{K}{\mu}\frac{\partial P}{\partial y} \quad (3\text{-}45)$$

$$v_z=-\frac{K}{\mu}\frac{\partial P}{\partial z} \quad (3\text{-}46)$$

式中 K——渗透率;

μ——流体的动力黏滞系数。

所以有

$$\frac{\partial v_x}{\partial x}=-\frac{K}{\mu}\frac{\partial^2 P}{\partial x^2} \quad (3\text{-}47)$$

$$\frac{\partial v_y}{\partial y}=-\frac{K}{\mu}\frac{\partial^2 P}{\partial y^2} \quad (3\text{-}48)$$

$$\frac{\partial v_z}{\partial z}=-\frac{K}{\mu}\frac{\partial^2 P}{\partial z^2} \quad (3\text{-}49)$$

将式(3-47)、式(3-48)和式(3-49)三式代入式(3-43)中得

$$-\frac{K}{\mu}(\frac{\partial^2 P}{\partial x^2}+\frac{\partial^2 P}{\partial y^2}+\frac{\partial^2 P}{\partial z^2})=\frac{\partial\varepsilon_\theta}{\partial t}-(1-n)\frac{\partial\varepsilon_s}{\partial t}-\frac{n}{E_{\bar{w}}}\frac{\partial P}{\partial t} \quad (3\text{-}50)$$

得出孔隙中液体压力与岩石体应变的微分方程式(3-50)。

3.2.2 岩石体应变与孔隙中液体压力分析

当含流体的岩层处于完全封闭的条件,即有

$$v_x=v_y=v_z=0 \quad (3\text{-}51)$$

因此,流体连续性方程(3-28)的左边等于零,于是对式(3-50)有液体:

$$\frac{\partial\varepsilon_\theta}{\partial t}-(1-n)\frac{\partial\varepsilon_s}{\partial t}-\frac{n}{E_{\bar{w}}}\frac{\partial P}{\partial t}=0 \quad (3\text{-}52)$$

由于岩石固体颗粒与骨架压缩性和液体与气体的压缩性相比要小，当岩石孔隙度比较大时，可以忽略不计式(3-52)的中间项 $(1-n)\frac{\partial \varepsilon_s}{\partial t}$ 。在封闭条件下，P、ε_θ 是单值函数关系，于是有

液体：

$$d\varepsilon_\theta = \frac{n}{E_{\bar{w}}}dP \tag{3-53}$$

积分可得

$$\varepsilon_{\theta1} - \varepsilon_{\theta0} = \frac{n}{E_{\bar{w}}}(P_1 - P_0) \tag{3-54}$$

即有

$$\Delta P_{液} = \frac{E_{\bar{w}}}{n}\Delta\varepsilon_\theta \tag{3-55}$$

当含水岩体在封闭环境下时，体积应变增量比较小，导致孔隙水压力的变化很大，孔隙度越小，压力越大。可以看出，在岩石内部的微裂隙发展过程中，孔隙水压力起着重要作用。从式(3-53)可以看出，岩石体应变与孔隙中液体压力存在相关关系，采动过程中岩体变形对水压有很大影响，当岩石相对压缩时，孔隙水压力随着岩石体积应变增大而增大；当岩石相对膨胀时，孔隙水压力随着岩石体积应变减小而减小。瞬间的应变将造成很大的冲击水压，导致岩石体积应变率变化较大，可以利用体积应变、孔隙压力来宏观表征渗流影响。因此，在煤矿开采过程中，随采煤工作面推进，这种水压对煤层底板的破坏作用很大，每次冲击水压在裂隙长度扩展，能量积聚在裂隙尖端部位，增加了应力强度因子，导致岩石自身破坏，使导升高度继续上升，递进导升高度渗入煤层底板破坏区域相互连通，最后形成底板突水通道，承压水沿突水通道裂隙进入采空区与底板采动破坏区贯通，煤层底板发生突水。冲击水压是底板破坏与递进导升协同突水重要因素之一。

3.2.3　底板异常高压水产生原因研究

通过以上公式推导，岩石的体积应变与岩石孔隙水压力有明显的相关关系，冲击水压是加快底板破坏与递进导升协同突水的重要因素。河南焦作矿区主采煤层是二叠系山西组二$_1$煤层，距煤层 20 m 为 L_8 灰岩，下段 L_2灰岩与主采大煤的平均距离为 72 m，L_2灰岩与奥灰地层存在直接的水力联系。二$_1$ 煤层底板直接灰岩水压高、水量大、补给强，是典型的受底板水害区域。在未受采动影响条件下，水头高度决定 L_8 灰岩、L_2 灰岩及奥灰岩溶水压，煤层埋深不断加深，造成水压也在增大，当溶洞的进水口被水流挟带的泥沙等颗粒或注浆堵塞，就形成土封闭型溶洞。随着焦作矿区二$_1$ 煤层开采，采场四周煤壁上承受着上覆运动岩层的自重，底板承受的支承压力突然增大，应力传导到岩溶水腔，导致岩溶水腔随之被压缩，体积减小，周围有效存储空间大大减少，而水压突然急剧增大，尤其对封闭状态被水充满的溶洞，水压明显增加，如焦煤公司中马村矿 15031 工作面采前 L_8 灰岩含水层水压为 2～3 MPa，采后局部水压高达 3.5～4.5 MPa。

利用塑性理论和摩尔-库仑屈服判据准则来分析底板异常高压水产生的原因，假设

把岩溶洞看成进出口被堵住的岩溶腔封闭的容器，岩溶腔类似“水气球”，水自身为不可压缩的液体，水把自身所受到的压力向各个部分并按原来大小传递，煤层底板受支承压力的压缩作用，在“水压机”作用影响下，水压逐渐增大达到支承压力集中程度 $K_{max}\gamma H$（K_{max} 为支承压力集中系数；γ 为岩层平均容重；H 为采深），如图 3-6 所示。

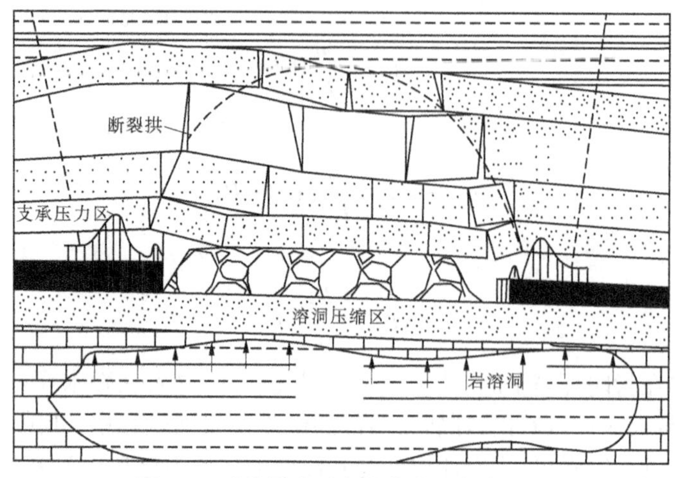

图 3-6 采动影响后岩的岩溶异常高水压

3.3 采动底板破坏特征力学分析

3.3.1 底板破坏带分布形态

煤层经过开采后，采场端部煤壁处应力集中程度最大，此处的煤层底板岩体变形与破坏最严重，也是底板破坏最大的深度。张金才、刘天泉提出煤层底板岩体采动破坏带分布形态，如图 3-7 所示，h_1 为底板最大破坏深度。

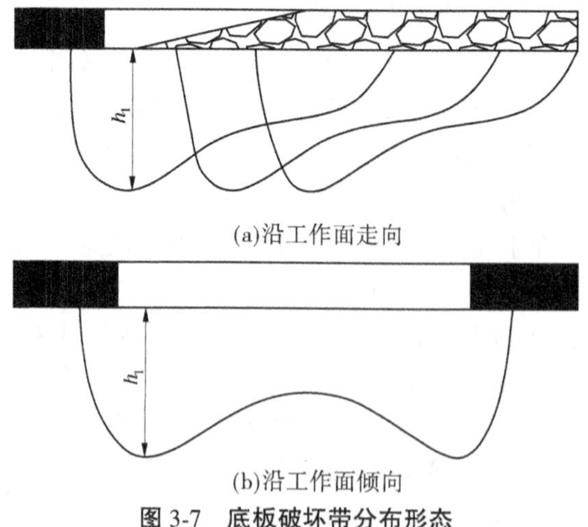

图 3-7 底板破坏带分布形态

3.3.2 底板破坏深度力学分析确定

在矿山压力和承压水共同作用下，采煤工作面下方一定范围内的底板岩体，当煤层底板岩体支承压力达到或者超过其承载的临界值时，岩体形成塑性区，发生塑性破坏，应力场使得应力集中在裂隙尖端，形成一定能量积聚在裂隙尖端部位，当尖端强度因子超过极限时，自身岩石破坏，导升高度逐渐上升，当与底板采动破坏区形成导水通道时，底板发生突水。当把工作面煤层底板看作完整岩体时，根据塑性滑移线理论和半无限弹性体理论，建立沿煤层走向和倾向的力学模型，图 3-8 为沿煤层走向方向底板滑移线场理论底板塑性区应力分布。从沿工作面走向方面进行分析，底板塑性区由煤壁前方底板主动极限区Ⅰ(oab)、后方采空区底板被动极限区Ⅲ(ode)和在主动极限区和被动极限区之间的过渡区Ⅱ(obd)3 部分组成。

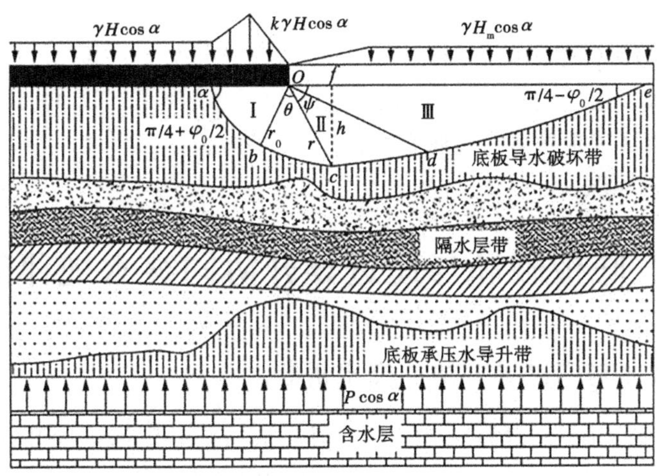

图 3-8 底板沿煤层走向方向塑性区应力分布

图 3-8 中两条直线分别组成主动极限区和被动极限区的滑移线，且煤层底板和两组滑移线所夹角度是 $\pi/4+\varphi_0/2$、$\pi/4-\varphi_0/2$，由一条直线和一条对数螺线组成过渡区的滑移线。将煤壁前方超前支承压力沿煤层走向方向通过线性荷载等效为均布荷载 $q'=(k\gamma H/2-P)\cos\alpha$，根据工作面顶板冒落带所产生重力效应，沿煤层走向方向任一点处采动底板中的主应力为

$$\begin{cases}\sigma_1=\dfrac{\cos\alpha}{\pi}\left[\dfrac{(k+1)\gamma H}{2}-P\right][\theta(\sin\alpha+\cos\alpha)+\sin\theta]-\gamma\left[\dfrac{y}{\cos\alpha}+\dfrac{M}{(\lambda-1)\cos\alpha}\right]\\ \sigma_3=\dfrac{\cos\alpha}{\pi}\left[\dfrac{(k+1)\gamma H}{2}-P\right][\theta(\cos\alpha-\sin\alpha)-\sin\theta]-\gamma\left[\dfrac{y}{\cos\alpha}+\dfrac{M}{(\lambda-1)\cos\alpha}\right]\end{cases}\tag{3-56}$$

沿煤层走向工作面内任一点底板发生塑性变形，其主应力符合极限平衡条件，由摩尔-库仑屈服判据准则得到下式：

$$\frac{1}{2}(\sigma_1-\sigma_3)=C\cos\varphi_0+\frac{1}{2}(\sigma_1+\sigma_3)\sin\varphi_0\tag{3-57}$$

从式(3-56)和式(3-57)分析,沿煤层走向方向工作面煤层底板破坏深度为

$$y = \frac{\cos^2\alpha}{\pi\gamma}\left[\frac{(k+1)\gamma H}{2} - P\right]\left[\theta\left(\cos\alpha - \frac{\sin\alpha}{\sin\varphi_0}\right) - \frac{\sin\theta}{\sin\varphi_0}\right] + \frac{C\cos\alpha}{\gamma\tan\varphi_0} + \frac{M}{\lambda - 1} \quad (3\text{-}58)$$

$dy/d\theta = 0, \theta = \arccos(\cos\alpha\sin\varphi_0 - \sin\alpha)$,令 $\beta = \arccos(\cos\alpha\sin\varphi_0 - \sin\alpha)$

代入式(3-58),可知沿煤层走向工作面底板采动最大破坏深度为

$$h_{走} = \frac{\cos^2\alpha}{\pi\gamma}\left[\frac{(k+1)\gamma H}{2} - P\right]\left[\beta\left(\cos\alpha - \frac{\sin\alpha}{\sin\varphi_0}\right) - \frac{\sin\beta}{\sin\varphi_0}\right] + \frac{C\cos\alpha}{\gamma\tan\varphi_0} + \frac{M}{\lambda - 1} \quad (3\text{-}59)$$

式中　α——煤层倾角(°);

γ——采场底板岩体平均容重,kN/m^3;

k——工作面超前支承、压力集中系数;

H——煤层埋深,m;

P——承压水压力,MPa;

φ_0——底板岩体平均内摩擦角(°);

C——底板岩层平均黏聚力,MPa;

λ——采空区顶板垮落带碎胀系数;

M——开采厚度,m。

3.4　底板破坏与递进导升协同突水规律研究

3.4.1　底板破坏与递进导升协同突水机制

足够的水压和合适的环境应力是承压水在层底板沿裂隙递进导升的两个必要条件,水压包括静水压力和冲击水压两种形式,静水压力由含水层的自然水头高度决定;冲击水压由顶板来压决定。冲击水压的形成条件是导升水头在裂隙壁没有排泄或排泄量很小,短时间无法消散裂隙水因底板岩体变形而积蓄的势能,水在岩层的孔隙压力和裂隙内部起着外荷载的作用。根据式(3-60):

$$\sigma' = \sigma - P \quad (3\text{-}60)$$

总应力和孔隙压力之差为有效应力,孔隙压力通过分担总应力,从而减小岩体的有效应力,导致岩体不容易破坏。水在裂隙内部还发挥着外荷载的作用,最终形成裂隙楔劈作用力。实际上,这两种形式的力同时作用在岩体内。在没有裂隙的情况下,孔隙压力保护着底板不受破坏,然而在有裂隙的情况下,孔隙压力又降低岩体的强度,使得裂隙更容易扩展,在底板孔隙压力高的地方更容易"吸引"裂隙朝向高孔隙压力区扩展。

环境地应力的形成原因包括静岩压力、矿山压力和构造地应力。在工作面的前方一定深度范围内,矿山压力在底板产生的应力分布同梁或薄板相似,其上部为压性而下部为张性,最终导致在工作面前下方最先产生裂隙带,形成煤层底板破坏与递进导升。采空卸压区的应力状态恰好相反,在工作面的后方,煤层底板应力所受状态与前者相反,导致下面的岩层比上面岩层破坏得早,当上部与下部的破坏区相互贯通时,引发煤层底板突水。在矿山压力的影响下,基于断裂力学理论,在煤层底板裂隙尖端处出现应力集中现象,形

成一定能量积聚在裂隙尖端部位,增加了应力强度因子。当岩层自身尖端强度大于其临界值时,引起裂隙长度扩展,导致自身岩石破坏,导升高度逐渐上升。当岩石本身发生破裂后,由于岩石自身释放能量和应力,裂隙存在着暂时闭合现象。当采煤工作面继续向前推进,由于工作面周期来压产生,底板裂隙尖端处再次出现应力集中现象,又形成一定能量积聚在裂隙尖端部位,按照上述过程重复,裂隙长度继续扩展延伸,在每一次重复上述过程时,导升高度增加 ΔH_i,每次冲击水压造成裂隙长度扩展,能量积聚在裂隙尖端部位,增加了应力强度因子,导致岩石自身破坏,导升高度逐渐上升,循环上述过程,当递进导升的裂隙与底板破坏区域相互连通时,形成底板突水通道,承压水沿突水通道裂隙进入采空区与底板采动破坏区连通,煤层底板发生突水。总之,协同突水是指递进导升裂隙带与底板破坏导水带之间存在岩桥体系(有效隔水带),当两者之间岩桥破裂、对接、贯通时,发生突水。重新划分底板隔水层厚度 M,如图 3-9 所示,组成如下表达式:

$$H_0 + \Delta H + H + H_1 = M \tag{3-61}$$

式中 H_0——自然导升高度,m;

ΔH——递进导升高度,m;

H——有效隔水层厚度(导升带顶端到底板深度底界的距离),m;

H_1——底板采动破坏深度,m;

M——底板隔水层厚度,m。

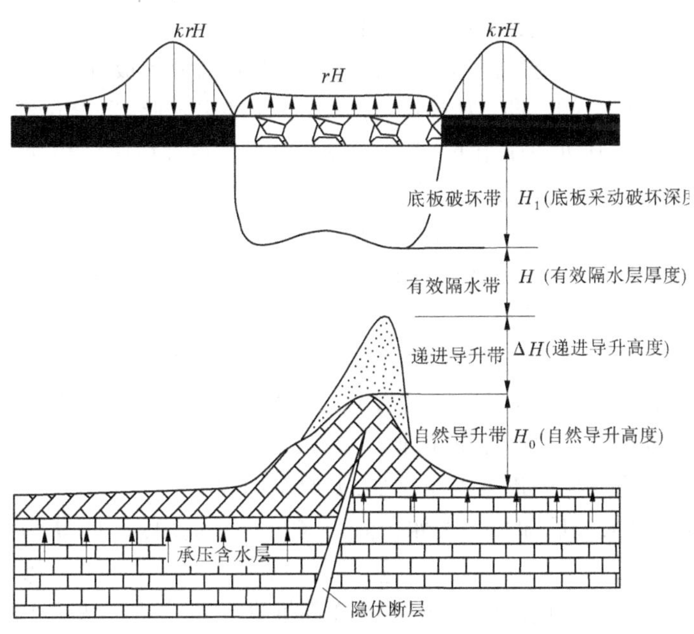

图 3-9　煤层底板破坏与递进导升协同突水机制

在煤层开采过程中,为了便于研究,基于施龙青教授提出的煤层底板“四带”划分理论,将受矿山压力与底板水压共同耦合作用煤层底板划分为自然导升带、递进导升带、有效隔水带和底板破坏带,对应煤层底板隔水层厚度按照从下到上的顺序依次为自然导升高度、递进导升高度、有效隔水层厚度和底板破坏厚度,煤层底板能否有效阻止含水层高压水的突出是承压水上采煤安全的关键问题,有效隔水层厚度发挥着重要作用。

第Ⅰ带(H_0):自然导升带是指在不受矿山压力扰动的条件下,单独受水压作用,煤层底板下承压水直接影响隐伏构造发育自然导升高度的岩石层带。其主要特征:岩石主要存在两种状态,弹塑性和塑性,裂隙发育程度有很大的差别,在连续性比较差的岩层,很容易形成隐伏突水通道。

第Ⅱ带(ΔH):递进导升带是指在采动矿压和承压含水层水压的耦合作用下,底板裂隙尖端处出现应力集中现象,能量在裂隙尖端部位积聚导致裂隙长度扩展延伸,岩石自身破坏,而形成上升高度的区域。其主要特征:底板岩层抗压强度明显降低,而岩层状态由弹性转化为塑性,岩石仍然主要存在两种状态——弹塑性和塑性;岩层明显存在原有裂隙扩展,裂隙之间相互贯通发展;岩层的整体性和隔水能力逐渐有所降低。

第Ⅲ带(H):有效隔水带是指受矿山压力破坏作用的影响相对较小,底板岩层保持岩层采前的有效隔水性能及完整岩石状态的岩石层带。其主要特征:保持采前岩层内的连续性,原先裂隙没有相互贯通处于不发育状态,并且岩层具有良好的整体性和隔水能力,该区域在阻碍煤层底板突水方面起着关键作用。

第Ⅳ带(H_1):底板破坏带是指在采动应力作用影响下,煤层底板岩层连续性遭受破坏,底板岩石的弹性能明显丧失的层带。其主要特征表现为:岩石裂隙发育交织成网,具有良好的贯通性及导水性;遭到严重的破坏,岩层的整体性能和隔水能力彻底丧失,形成突水通道。

在递进导升理论基础上,建立了由矿压破坏带、递进导升带和岩桥三要素构成的底板破坏突水模型。煤层底板有效隔水层厚度(岩桥)由四部分组成并相互转化,递进导升高度增大,有效隔水厚度降低,即 ΔH 高度有所增加,H 随之降低,当 H 逐渐降低,趋近 0 时,在底板破坏与递进导升协同作用下,递进导升高度与底板破坏区域相互连通,引起底板突水事故的发生,式(3-61)就转变成突水判据表达式:

$$H_0 + \Delta H + H_1 \geqslant M \tag{3-62}$$

由式(3-62)可知,底板的加深破坏与递进导升协同演化是控制底板突水的关键因素,原生细观损伤结构-岩桥是促进递进导升的基本条件,进而与底板破坏共同构成底板协同突水的判别条件。对于非裂隙型底板,如陷落柱,其内物质为较为松散的孔隙介质,在含水层附近,陷落柱内的充填物仍然具有一定的导升高度。例如,太原东山煤矿在埋深 750 m 水平以上,陷落柱不导水,而在埋深 750 m 以下,陷落柱开始导水。采矿的扰动仍能使孔隙介质的导升高度递进发展。例如,太原东山煤矿的三采区的陷落柱在掘进揭露时没有突水,而在开采过后却发生突水。式(3-62)仍然适用,此时 M 为煤层底板至奥陶系灰岩的距离。

由底板采动应力演化规律可知,随着工作面推进方向,煤层底板经历压缩—膨胀—压缩过程,在层面方向上产生离层破坏,受高水平构造应力的挤压和高水压力的顶托作用,由于采空区底板岩性不同,导致形成不同程度弯曲变形,在煤层底板浅部岩层破坏较为发育。拉、剪破坏导致竖向裂隙,在煤层底板浅部岩层拉破坏发育,影响深度较大的区域在发生剪破坏的压缩区与膨胀区之间。当有效隔水层厚度较小时,在水平构造应力的挤压及水压托顶作用的影响下,有效隔水层上部产生的拉应力比较大,有完整隔水层发生突水的可能性也比较大;当有效隔水层厚度较大时,有效隔水层上部产生的拉应力比较小,形成突水通道而破坏有效隔水层，在地质条件复杂存在底板断层或隐伏断层时，受到矿压和承压水共同影响，在底板破坏与递进导升协同作用下，当最大剪应力带与地质构造断层或隐伏断层两者重合或大部分吻合时，断层两盘发生错动，加快了递进导升速度，进而引起断层活化，递进导升高度突破了底板破坏区域，底板发生突水。

3.4.2　底板破坏与递进导升协同突水断裂力学模型

3.4.2.1　底板突水断裂力学分析

煤层底板隐伏断层主要埋藏于底板内，是平面分布不大、垂向距离有限的小型地质构造。对于断层而言，煤矿递进导升带的尺度相对较小，可以简化为受到复杂应力和渗透压作用下一个压剪裂纹，图 3-10 为递进导升带裂缝的压剪模型。压剪裂纹在剪应力 τ、最大主应力 σ_1 和最小主应力 σ_3 作用下，设裂缝面部分闭合，为了方便研究分析，把力学模型参数进行定义，初始裂缝长度（原始递进导水带）设为 L，入裂隙连通面积与总面积之比系数为 β，作用在裂缝的渗透水压力设为 p。对于Ⅱ型裂纹扩展情况，在裂缝面上产生的应力 σ_n 为压应力，由于在裂纹受压应力作用下而引起闭合，从而降低甚至停止渗流作用。另一种情况，当 σ_n 为拉应力时，容易造成渗流或突水现象发生，属于Ⅰ和Ⅱ复合型裂缝扩展裂纹情况。裂缝面上的应力表达式如下：

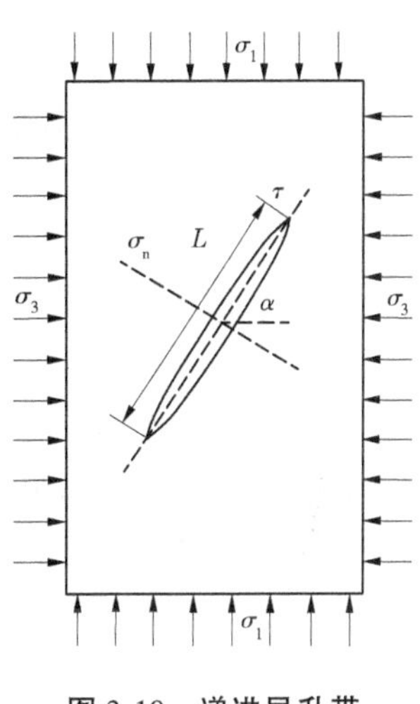

图 3-10　递进导升带裂缝的压剪模型

$$\sigma_n = \frac{\sigma_1 + \sigma_3}{2} - \frac{\sigma_1 - \sigma_3}{2}\cos 2\alpha - \beta_p \tag{3-63}$$

$$\tau = \frac{\sigma_1 - \sigma_3}{2}\sin\alpha \tag{3-64}$$

式中　α——最小主应力方向与裂缝长轴方向夹角；

β_p——在 p 渗透压力产生的应力。

3.4.2.2　建立力学模型

下面通过塑性理论和摩尔-库仑屈服判据准则分析底板破坏特征，通过断裂力学理论研究递进导升带裂缝的扩展。在煤层底板水渗透压与开采应力共同的作用影响下，在工作面回采过程中，隐伏断层的裂隙尖端处形成应力集中，造成强度因子有所增加，煤层底板整个隔水层进入底板破坏与递进导升协同模式。当煤层底板满足式(3-62)时，底板发生突水。为了研究底板隐伏断层递进导升突水判据，对图 3-10 煤层底板递进突水模型进行力学模型简化，选取研究区域为煤层底板下到含水层处。将递进导升简化为具有摩擦效应的中心斜裂缝，建立断裂力学有限板条力学模型，如图 3-11 所示。设裂缝倾角为 α，其长度为 b，H 为从底板破坏区到裂缝尖端的距离，每次递进导升带升高的高度为 ΔH，即 $\Delta H = b\sin\alpha$，然而 $H+b\sin\alpha$ 为整个梁宽度，工作面的底板采空区长度(周期来压步距)为 l。荷载 G 为采空区垮落矸石，Q 为支撑压力，设 P 为承压水压力，水平挤压应力为 T，建立力学模型进行受力分析，如图 3-11(a)所示。水平应力 σ_3、垂直应力 σ_1 和承受的渗透压力 p 三者共同作用于裂缝尖端，在底板中隐伏断层递进导升带压剪裂纹属Ⅰ型张开型、Ⅱ型滑开型、Ⅲ型撕开型复合裂缝，递进导升带裂隙扩展计算简图如图 3-11(b)所示。

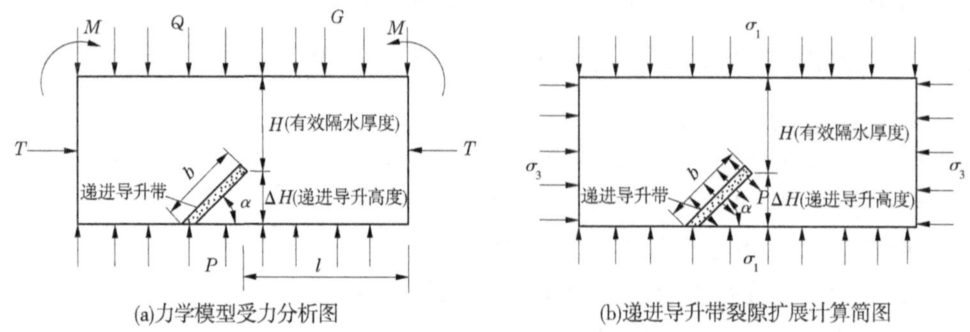

(a)力学模型受力分析图 (b)递进导升带裂隙扩展计算简图

图 3-11 递进导升计算力学模型

针对复合荷载作用下的压剪型裂缝底板递进导升带，可将裂缝尖端的应力强度因子简化为若干个简单荷载的组合，荷载主要有拉应力、弯矩和剪应力。该应力强度因子模型基于中心斜裂纹有限板基本荷载建立，如图 3-12 所示，其剪切应力作用的斜裂纹表达式为

$$F = Q - \left(\frac{pl}{2} - G\right) \tag{3-65}$$

对煤层底板产生的弯矩表达式如下：

$$M = Pl - Gl \tag{3-66}$$

作用在顶板横截面上的均布拉应力将水平挤压力 T 分解成

$$\sigma = -\frac{T}{H + \Delta H} \tag{3-67}$$

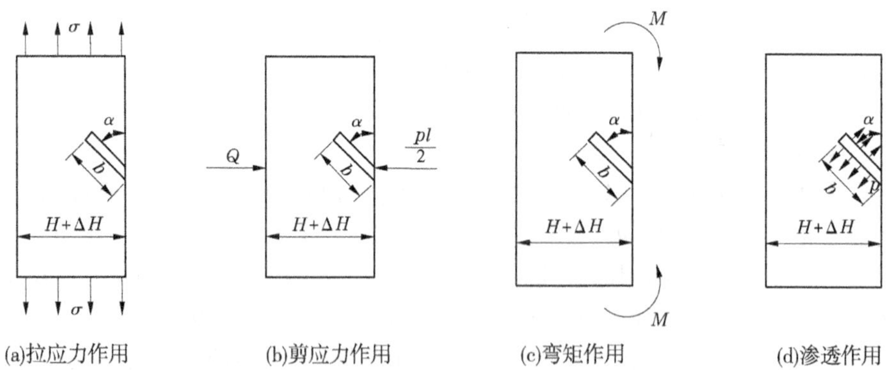

(a)拉应力作用 (b)剪应力作用 (c)弯矩作用 (d)渗透作用

图 3-12 基本荷载引起的应力强度因子计算

根据有限板计算模型公式，将拉应力、弯矩和剪应力分解到裂纹表面计算应力强度因子，即

$$K_{\mathrm{I}} = F_M \frac{3(ql - G)l^2 b\sqrt{2\pi b}}{4(H + \Delta H)}\sin^2\alpha - \frac{T\sqrt{2\pi b}}{2(H + \Delta H)}F_\sigma \frac{b}{H + \Delta H}\sin^2\alpha$$

$$K_{\mathrm{II}} = F_\tau(Q - ql/2 + G)\frac{\sqrt{2\pi b}}{4}\sin 2\alpha - \frac{T\sqrt{2\pi b}}{2(H + \Delta H)}F_\sigma \frac{b}{H + \Delta H}\sin\alpha\cos\alpha \tag{3-68}$$

由式(3-68)可知,在采动应力和承压水压力下,Ⅱ型裂纹的应力强度因子由剪切作用产生;Ⅰ型裂纹的应力强度因子由弯矩产生。在压剪断裂情况下,岩石和混凝土的强度判断标准如下:

$$\lambda \sum K_{\mathrm{I}} + \left| \sum K_{\mathrm{II}} \right| = K_c \tag{3-69}$$

式中　λ——裂纹扩展的压剪比系数;

K_c——岩石的断裂韧性。

把式(3-68)代入式(3-69),得递进导升带裂隙扩展延伸的力学判据的计算公式:

$$P_c = \frac{\dfrac{K_c}{\sqrt{2\pi b}} - \lambda\left[\dfrac{F_M G l^2 b}{4(H + \Delta H)^3} - \dfrac{T}{2(H + \Delta H)}F_\sigma\left(\dfrac{b}{H + \Delta H}\right)\right]\sin\alpha - \dfrac{T}{2(H + \Delta H)^2}F_\sigma b\cos\alpha + \dfrac{F_\tau(Q + G)}{4}\cos\alpha}{\dfrac{3F_M l^3 \lambda b\sin\alpha}{4(H + \Delta H)^3} - \dfrac{F_\tau l\cos\alpha}{8}} \tag{3-70}$$

式(3-70)为临界水压力 P_c 的计算公式,该公式影响因素主要有隐伏断层长度 b、底板有效隔水厚度 H、倾角 α、递进导升高度 ΔH、支撑压力 Q 等。P_c 随着隐伏断层长度 b 和倾角 α 的不断增大而增大,由于断层裂纹扩展的路径被缩短,导致承压水压力有所降低,底板采动破坏区与递进导升更容易相互沟通,引起突水发生;临界水压力随着支撑压力和剪切作用力的增加而增大;由于断层裂缝扩展路径减少,承压水临界水压力 P_c 随着递进导升高度 ΔH 的增大而减小。递进导升是底板突水的必要条件,当隐伏断层导升斜裂纹扩展时,沿着断裂韧性 K_c 方向新的分支裂纹在裂纹端部扩展产生,当递进导升分支斜裂纹扩展与底板采动破坏区贯通,在采动应力和承压水压力的作用下,有效隔水层厚度 $H=0$,发生突水,这是煤层底板隐伏断层突水的充分条件。支裂纹尖端应力强度因子由三部分组成:裂纹面上剪应力产生的应力强度因子$(K_{\mathrm{I}})_1$、远场侧向应力 σ_3 产生的应力强度因子$(K_{\mathrm{I}})_2$ 和由渗透水压 p 产生的应力强度因子$(K_{\mathrm{I}})_3$。

$$\begin{aligned} K_{\mathrm{I}} &= (K_{\mathrm{I}})_1 + (K_{\mathrm{I}})_2 + (K_{\mathrm{I}})_3 \\ &= \frac{2\tau\Delta H\sin\alpha}{\sqrt{\pi \mathrm{I}}} - \sigma_3\sqrt{\pi\Delta H} + P\sqrt{\pi\Delta H} \\ &= \frac{(\sigma_1 - \sigma_3)\sqrt{\Delta H}}{\sqrt{\pi}}\sin\alpha\sin 2\alpha + (P - \sigma_3)\sqrt{\pi\Delta H} \end{aligned} \tag{3-71}$$

基于断裂力学理论,在底板水渗透压与开采应力共同作用下,受侧向拉应力 σ_3 和高渗透水压力作用,应力集中出现在煤层底板裂隙尖端处,在裂隙尖端部位形成能量积聚,应力强度因子 K_{I} 有所增加。煤层底板导升断裂尖端以上区域并非完整底板岩层,而是由大量岩桥和微裂隙构成的损伤地带。在地应力和水压的作用下,岩桥断裂,微裂隙沟通,造成导升裂隙尖端扩展和底板对应区的破坏深度加大。当岩层自身尖端强度大于其临界值时,引起裂隙长度扩展,导致自身岩石破坏,导升高度 ΔH_i 逐渐增大。当岩石本身发生破裂后,岩石自身释放能量和应力,导致裂隙存在暂时闭合现象;当采煤工作面继续向前推进,由于工作面周期冲击性,底板裂隙尖端处再次出现应力集中,又形成一定能量积聚在裂隙尖端部位,按照上述过程重复,裂隙长度继续扩展延伸,在每一次重复上述过程时,导升高度增加 ΔH_i,每次冲击水压形成裂隙长度扩展,能量积聚在裂隙尖端部位,增加了应力强度因子,导致岩石自身破坏,导升高度逐渐上升,循环上述过程:岩石裂隙尖端处出现应力集中→裂隙发育递进导升扩展 ΔH_i→裂隙尖端处再次出现应力集中的循环,于是获得 i 阶段递进导升的长度公式:

$$\Delta H_i = \frac{\pi K_{\mathrm{Ic}}^2}{[(\sigma_{1i} - \sigma_{3i})\sin\alpha\sin2\alpha + (p_i - \sigma_{3i})\pi]^2} \tag{3-72}$$

从式(3-72)可知,i 阶段递进导升的长度与分支裂纹尖端应力强度因子的平方成正比,并且与剪应力所得的平方和裂隙面上的合力的平方成负相关。即岩层自身的强度越低,递进导升高度 ΔH_i 增大速率越快。在底板破坏与递进导升协同作用下,承压水突破了底板破坏区域,底板发生突水,根据底板破坏与递进导升协同突水判据表达式,随着递进导升高度 ΔH_i 增大,每次裂纹扩展长度 ΔH_i 累计,底板有效隔水层减小,式 (3-72)可表达为

$$H - \Delta H = H - \sum_{i=1}^{n} \Delta H_i = \sum_{i=1}^{n} \Delta H_i - \frac{\pi K_{\mathrm{Ic}}^2}{[(\sigma_{1i} - \sigma_{3i})\sin\alpha\sin2\alpha + (p_i - \sigma_{3i})\pi]^2} \tag{3-73}$$

在复杂地质条件下,底板存在断层或隐伏断层时,受到矿压和承压水共同影响,底板破坏与递进导升协同演化,当最大剪应力带与地质构造断层或隐伏断层重合或大部分吻合时,将导致断层两盘发生错动,加快递进导升速度,进而引起断层活化,当递进导升高度突破底板破坏区域,底板发生突水。在有效隔水层厚度 $H=0$ 时,递进导升高度与底板破坏区域完全贯通,形成煤层底板破坏与递进导升协同突水机制,式(3-73)就成为下述表达式:

$$H = \sum_{i=1}^{n} \Delta H_i = \frac{\pi K_{\mathrm{Ic}}^2}{[(\sigma_1 - \sigma_3)\sin\alpha\sin2\alpha + (P - \sigma_3)\pi]^2} \tag{3-74}$$

由于递进导升带高度不断升高,式(3-74)可以转化为断层到底板破坏区的最小安全距离:

$$H = \frac{\pi K_{\mathrm{Ic}}^2}{[(\sigma_1 - \sigma_3)\sin\alpha\sin2\alpha + (P - \sigma_3)\pi]^2} \tag{3-75}$$

从式(3-70)和式(3-75)可以获得有效隔水层厚度与其他因素之间的关系,图 3-13 为有效隔水层厚度与最大主应力和岩层断裂韧性的关系。隐伏断层到底板破坏区的最小距离主要受有效隔水层厚度影响,有效隔水层厚度由递进导升高度影响,初始导升高度越高,递进导升越强烈;岩层强度越低,递进导升速度越快;H 与断层所处的地应力有关,当垂直应力 σ_1 增大,H 也将增大,随着工作面回采后,煤层底板应力将出现松动和卸压,这为断层的活化和突水创造了条件。底板所受水压 P 越大,所需有效隔水层厚度 H 越大,当有效隔水层厚度不足以抵抗底板水压 P 时,发生突水,这是煤层底板隐伏断层突水的

充分条件。

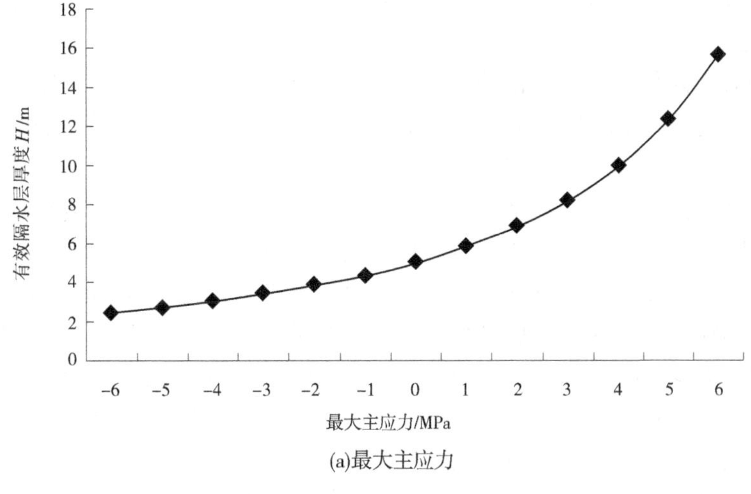

(a)最大主应力

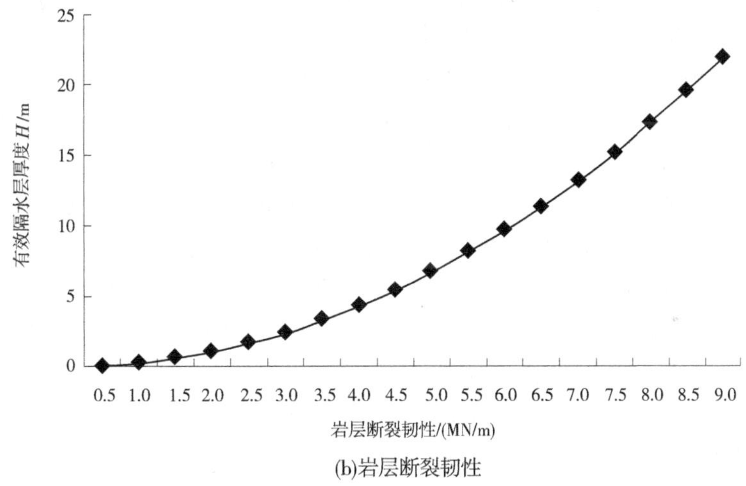

(b)岩层断裂韧性

图 3-13 有效隔水层厚度的影响因素

3.5 本章小结

(1)运用断裂力学理论建立了底板裂隙扩展的数学模型;研究了在均匀应力环境下尖端区域的应力场和位移场,为后续分析裂纹扩展提供了理论前提;提出了底板损伤区的岩桥体系,煤层底板导升断裂尖端以上区域并非完整底板岩层,而是由大量岩桥和微裂隙构成的损伤地带。在地应力和水压的作用下,岩桥断裂,微裂隙贯通,造成导升裂隙尖端扩展和底板对应区的破坏深度加大。

(2)岩石体应变与孔隙中液体压力存在相关关系,研究得出岩石瞬间体积应变将造成很大的冲击水压,可造成水位有较大幅度的波动。在煤矿开采中,随采煤工作面推进,冲击水压助力裂隙扩展,在裂隙尖端集聚能量,增加了应力强度因子,导致岩石自身破坏,导升高度逐渐上升，循环上述过程：岩石裂隙尖端处出现应力集中→裂隙发育递进导升扩展 ΔH_i→裂隙尖端处再次出现应力集中，因此冲击水压是底板破坏与递进导升协同突水的重要因素之一。

(3) 利用底板隐伏断层上端的应力强度因子，提出煤层底板破坏与递进导升协同突水的判据，以递进导升及断裂力学原理为基础，建立了断层递进导升简化断裂力学模型，推导了煤矿隐伏断层递进导升突水的临界判据：

①递进导升突水临界力学解析式为式(3-70)，临界水压力 P_c 随着隐伏断层长度 b 和倾角 α 的不断增大而增大，由于断层裂纹扩展的路径被缩短，导致承压水压力有所降低，底板采动破坏区与递进导升更容易相互贯通，引起突水发生；临界水压力随着支撑压力和剪切作用力的增加而增大；由于断层裂缝扩展路径减少，承压水临界水压力 P_c 随着递进导升高度 ΔH 的增大而减小。临界水压力计算式只是底板破坏与递进导升协同作用下隐伏断层活化突水的必要条件。当隐伏断层递进导升斜裂纹扩展时，新的分支裂纹在裂纹两端部位沿着最大压应力方向扩展产生，当递进导升分支斜裂纹扩展与底板采动破坏区贯通，在采动应力和承压水压力的作用下，有效隔水层厚度 H 不足以抵抗水压，发生突水，这是煤层底板隐伏断层突水的充分条件。

②断层到底板破坏区的最小安全距离见式(3-75)，初始导水高度越高，递进导升越强烈；岩层强度越低，递进导升速度越快；H 与断层所处的地应力有关，当垂直应力 σ_1 增大，H 也将增大，工作面回采后，煤层底板应力将出现松动和卸压，这为断层的活化和突水创造了条件。底板所受水压 P 越大，所需有效隔水层厚度 H 越大，当有效隔水层厚度不足以抵抗底板所承受的水压 P 时，发生突水，这是煤层底板隐伏断层突水的充分条件。

(4) 建立了由底板破坏带、递进导升带和岩桥三要素构成的底板破坏突水模型，揭示了底板采动破坏、承压水递进导升以及剩余隔水岩层岩桥断裂损伤之间的相互耦合关系。底板的加深破坏与导升高度的递进发展协同作用构成了底板突水的关键因素，底板破坏深度与递进导升高度之间存在岩桥体系，当两者之间岩桥破裂、对接、贯通时，发生突水，得到了岩桥的破坏是递进导升和底板破坏协同突水的前提条件，掌握了岩桥促进递进导升的变化规律，在此基础上提出了底板采动破坏与递进导升协同演化突水模式并建立了相应判别条件。

4　底板破坏与递进导升协同突水规律的相似模拟试验研究

鉴于煤层底板采动效应的复杂性,单纯采用断裂力学、材料力学等理论分析难以直观再现底板破坏与递进导升协同突水过程。相似模拟试验主要是以相似理论为基础的室内模拟试验方法,模拟分析现场实际问题更加直观。但相似模拟煤层底板突水流固耦合问题对相似材料要求相对较高,相似材料与原岩符合固体变形和渗透性的相似特性。在以往的相似材料中多采用遇水易崩解的材料,如砂、碳酸钙和石膏。为此,自主研制了煤层底板破坏与递进导升协同突水定点动态监测系统,采用恒压注水、定点观测、递进导升水量定量采集和应力多方位监测四位一体技术,直观实现底板不同位置处煤层底板破坏与承压水递进导升的情况。该系统通过模拟分析煤层底板下岩层裂隙稳定发育与再扩展过程,直观揭示了底板破坏、导水通道的演化形成过程及承压水递进导升规律。

4.1　相似理论

4.1.1　相似模拟相似三定理

现象相似是在同一现象中,其表征特征的所有物理量在空间各对应点及时间各对应时刻均保持一定的比例关系。用相似定理或理论来表示相似现象的基本性质和被研究对象之间的相似特征。根据相似材料模拟方法的自身特点,模拟试验主要满足几何相似、动力相似、运动相似、边界条件相似、对应的物理量成比例。用以下 3 个定理来表示相似理论:

(1)相似正定理(相似第一定理)。

基于相似正定理,通过确定物理量和相似常数的关系,来求出其相似准数。

(2)π 定理(相似第二定理)。

假设有 n 个物理量某一现象相关,k 个相互独立物理量量纲,用相似准数 $\pi_1,\pi_2,\cdots,\pi_{n-k}$ 来表示 n 个物理量之间的函数关系,这就是相似第二定理,准数方程式表示如下:

$$F(\pi_1,\pi_2,\cdots,\pi_{n-k})=0 \tag{4-1}$$

(3)相似逆定理(相似第三定理)。

对于同一物理现象,若两个系统的单值条件相似且相似准数的数值相等,则这两个现象必定相似。可以通过相似第三定理来判断两现象相似与否。

4.1.2　相似条件

相似关系和相似准则确保了相似模拟试验时的可靠性,相似条件必须满足以下条件:

(1)几何相似。

在几何形状上模型与原型保持相似性,即要求在尺寸上模型长度与原型长度保持一定相似比,即

$$a_L = \frac{l}{L} \tag{4-2}$$

式中 a_L——模型比例尺;

l——模型长度;

L——原型长度。

(2)运动学相似。

要求模型与原型中所有对应点的运动时间必须保持一定相似比例。

$$a_t = \frac{t}{T} = \sqrt{a_L} \tag{4-3}$$

式中 a_t——时间比;

t——模型中的时间;

T——原型中的时间。

(3)动力相似。

要求模型与原型之间所承受的作用力保持一定的相似比。

$$a_\sigma = \frac{r_n a_L}{r_m} \tag{4-4}$$

式中 a_σ——应力比;

r_n——原型密度比;

r_m——模型视密度。

4.2 岩层顶底板力学性质测试

4.2.1 测试内容

在野外钻取岩芯(见图 4-1),在实验室测试岩样的单轴抗拉强度、泊松比、内摩擦角、弹性模量、单轴抗压强度、内聚力等。所取岩样包括工作面顶、底板与煤层。

4.2.2 测试标准试件

(1)为了准确测定岩石弹性模量、泊松比与单轴抗压强度,测试岩样为标准圆柱体,直径为 50 mm,高度为 100 mm,如图 4-2 所示。

(2)单轴抗拉强度测试岩样为ϕ 50 mm×25 mm 圆饼形测试样。

(3)内摩擦角、黏聚力测试岩样为 50 mm×50 mm×50 mm 的立方体。

4.2.3 岩样测试结果

焦作矿区赵固一矿 16001 工作面煤层顶底板岩样岩石力学性质经过实验室测试结果

图 4-1　野外钻探取样图

图 4-2　圆柱体标准试件

见表 4-1。

表 4-1　16001 工作面岩层及岩石力学参数

层号	岩层组	体积模量/GPa	切变模量/GPa	黏聚力/MPa	内摩擦角/(°)	抗拉强度/MPa	泊松比	密度/g/m^3	模型抗压强度(1:100)	模型材料密度/(g/cm^3)
1	砂岩	18.6	11.7	1.7	42	2.8	0.30	2.7	0.589	1.6
2	砂质泥岩	18.5	12.7	8.2	36	2.6	0.22	2.6	0.463	1.6
3	煤层	2.7	1.6	3.0	20	1.2	0.18	1.4	0.087	1.6
4	泥岩组	18.7	11.7	6	34	1.4	0.24	2.7	0.115	1.6
5	细砂岩组	22.9	13.1	2.8	3	1.8	0.20	2.7	0.85	1.6
6	中粒砂岩	19.8	11.3	8.5	33	1.7	0.2	2.8	0.644	1.6

4.3　模型试验设计

前期大量学者通过断层突水机制研究,取得了许多科研成果,为揭示底板突水机制提供了技术支撑。通过相似材料模拟试验,主要解决以下问题:

(1)研究底板隐伏断层递进导升及底板破坏过程,研究采场底板破坏与递进导升协同突水机制及两者之间时空演化规律。

(2)在固液耦合情况下,如何施加水压于断裂带一直是悬而未决的问题,研究煤层底板突水机制难以实现对煤层底板递进导升定点定量动态监测。本试验通过对植入断层带内的胶囊以外荷载的形式施加水压,凸显了递进导升的现象,使得底板破坏与递进导升协同突水作用更加直观。

(3)自主研制煤层底板破坏与递进导升协同突水定点动态监测系统,采用恒压注水、定点观测、递进导升水量定量采集和应力多方位四位一体,直观实现底板不同位置处煤层底板破坏与承压水递进导升的情况。

(4)以焦作矿区赵固一矿开采的二$_1$ 煤层为背景,通过模拟分析煤层底板下岩层裂隙发育规律、断层递进导升、突水通道形成的过程,以及底板岩层裂隙产生、稳定、再扩展直观再现其过程。

构建试验模型的相似材料来模拟实体原型,所需相似材料性质应满足以下原则:

(1)对应模型与原型主要力学性质岩层或结构相似;在模拟破坏过程期间,相似材料的单轴抗拉和抗压强度相似于原型材料。

(2)试验过程所需要的相似材料满足力学性能稳定等特点。

(3)可通过模型材料配比变化调整材料部分力学性能指标以适应相似条件需要。

(4)材料来源容易找到,配制铺设比较方便,凝固时间不长。

基于以上原则,相似模拟材料的原材料有骨料和胶结材料,通过计算确定本次相似模拟试验选用材料,如图4-3所示。主要材料有普通河砂(粒径小于3 mm)、碳酸钙、石膏粉、云母粉。结合模拟相似关系和相似准则,根据本试验实际情况,确定相似比如下:

(1)几何相似比 $a_L = l/L = 1:100$。

(2)容重相似比 $a_\gamma = 1:1.6 = 0.625$。

(3)时间相似比 $a_t = \frac{t}{T} = \sqrt{a_L} = \sqrt{100} = 10$。

(4)弹性模量相似比 $\alpha_E = \alpha_L \cdot \alpha_\gamma = 1:160 = 0.00625$。

(5)应力相似比 $a_\sigma = 1:160 = 0.00625$。

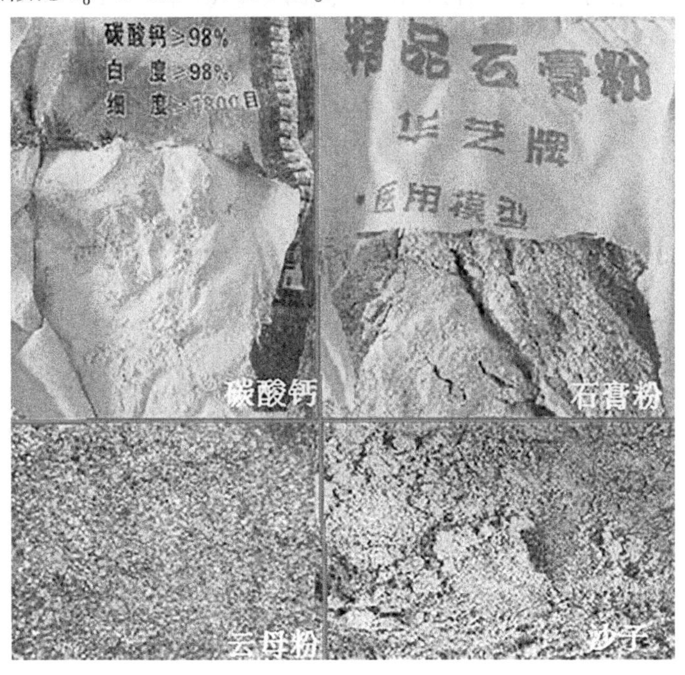

图4-3　相似模拟试验材料

岩层材料配比及力学参数(1:100)见表4-2。

表4-2　岩层材料配比及力学参数(1:100)

岩性	模拟抗压强度/MPa	模拟容重/(g/cm^3)	配比号	配比材料
砂岩	0.589	1.60	7:5:5	细砂:碳酸钙:石膏
泥岩	0.115	1.60	10:9:1	细砂:碳酸钙:石膏
砂质泥岩	0.463	1.60	9:8:2	细砂:碳酸钙:石膏
细砂岩	0.850	1.60	9:7:3	细砂:碳酸钙:石膏
中砂岩	0.644	1.60	8:5:5	细砂:碳酸钙:石膏
煤	0.087	1.60	9:6:4	细砂:碳酸钙:石膏

焦煤公司赵固一矿16001工作面沿走向布置,走向长度平均为901.5 m,工作面长度

为 205.5 m，煤层为二$_1$ 煤层，煤层平均厚度为 6.4 m，平均倾角为 6°。煤层顶为泥岩，厚度为 0.2~1.4 m；直接顶为砂质泥岩，厚度为 5.3~21.7 m；老顶为中粒砂岩，厚度在 2.1~12.3 m。直接底为粉砂岩、砂质泥岩（16.4~20.5 m），厚度为 1.8~2.2 m。底板 L_8 灰岩水为工作面主要充水水源，L_8 灰岩厚度为 6.0~10.0 m，平均厚 8.0 m，上距二$_1$ 煤层底板 26.0~38.0 m，平均 32.5 m，水压为 5.0~5.3 MPa，突水系数为 0.139~0.192 MPa/m。

4.3.1 框架系统

本次试验台选取安徽理工大学自制相似模拟装置，其长×宽×高 = 300 cm×40 cm×200 cm，如图 4-4 所示。模型参数为实际模型，相似比为 1∶100，模型长 300 cm、高 160 cm，回采工作面为 200 cm，两边各留 50 cm 模拟边界条件，赵固一矿 16001 工作面到地面高度在 580 m 左右。

图 4-4 相似试验模型

4.3.2 模型铺设

根据赵固一矿 16001 工作面现场取样顶、底板岩层的厚度、岩性及强度换算成模型中的参数，确定相似常数及相应的配比。相似材料为石膏、河砂、碳酸钙和水，利用安徽理工大学采矿省级重点实验室测得相关参数，满足相似材料配比，经过大量试验反复调整材料配比，按相似理论以一定的比例混合，得到模型的最佳配比和各层相似材料的模型配比表，见表 4-3。在整个试验模型中设计 21 层为不同地层，其中第 12 层设计为煤层，其原型煤层厚度为 6 m，煤层底板 74.5 m，上部煤层顶板 84 m，剩余 496 m 的高度采用覆岩重量配重模拟。根据地质条件与开采技术条件，设计并构建承压水体上采煤相似模型，通过相似模拟采场底板岩层破坏与递进导升共同引发突水的过程以及本质变化过程。模型铺设过程见图 4-5。

表 4-3　模型铺设分层材料用量

序号	岩性	原型厚度/m	模型厚度/cm	累计厚度/cm	配比	总重/kg	各材料成分质量/kg			
							细砂	碳酸钙	石膏	水
1	砂质泥岩	5	5	5	9:8:2	71.4	64.3	5.7	1.4	7.1
2	细粒砂岩	7.5	7.5	12.5	9:7:3	104.2	93.8	7.3	3.1	10.4
3	砂质泥岩	5	5	17.5	9:8:2	71.4	64.3	5.7	1.4	7.1
4	细粒砂岩	6	6	23.5	9:7:3	83.4	75.1	5.8	2.5	8.3
5	L_8 灰岩	8	8	31.5						
6	砂质泥岩	4	4	35.5	9:8:2	57.1	51.4	4.6	1.1	5.7
7	粉砂岩	6	6	41.5	7:5:5	82.4	72.1	5.2	5.2	8.2
8	砂质泥岩	6	6	47.5	9:8:2	85.7	77.1	6.9	1.7	8.6
9	粉砂岩	6	6	53.5	7:5:5	82.4	72.1	5.2	5.2	8.2
10	砂质泥岩	8	8	61.5	9:8:2	114.3	102.8	9.1	2.3	11.4
11	粉砂岩	13	13	74.5	7:5:5	178.6	156.2	11.2	11.2	17.9
12	煤层	6	6	80.5	9:6:4	81.8	73.6	4.9	3.3	8.2
13	泥岩	1	1	81.5	10:9:1	13.4	12.2	1.1	0.1	1.3
14	砂质泥岩	14	14	95.5	9:8:2	199.9	180.0	16.0	4.0	20.0
15	中质砂岩	7	7	102.5	8:5:5	98.8	87.8	5.5	5.5	9.9
16	砂质泥岩	6	6	108.5	9:8:2	85.7	77.1	6.9	1.7	8.6
17	中质砂岩	8	8	116.5	8:5:5	112.9	100.4	6.3	6.3	11.3
18	砂质泥岩	6	6	122.5	9:8:2	85.7	77.1	6.9	1.7	8.6
19	细粒砂岩	8	8	130.5	9:7:3	111.2	100.1	7.8	3.3	11.1
20	砂质泥岩	20	20	150.5	9:8:2	285.6	257.1	22.9	5.7	28.6
21	粉砂岩	14	14	164.5	7:5:5	192.3	168.3	12.0	12.0	19.2

(a)模拟材料称量　(b)模拟材料加水搅拌

(c)护板安装牢固　(d)L_8以下岩层铺设

(e)水囊Ⅰ铺设　(f)隐伏断层水囊Ⅱ铺设

图 4-5　模型铺设过程

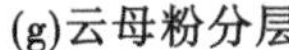

(g)云母粉分层

(h)应力片铺设

续图 4-5

相似试验的制作过程:①安置好模型架,护板安装牢固,两端布置铺设标尺线,保证模型铺设更加准确。②第 5 层处铺设 L_8 灰岩高强度柔性聚氨酯水囊Ⅰ,隐伏断层铺设高强度柔性聚氨酯水囊Ⅱ。③铺设水囊结束后,在其上部摊铺配比相似材料紧密振捣压实,标准养护后,利用加压泵对水囊进行预加压检验其密闭性。④根据设计方案在铺设岩层 6~11 层处布置应力片传感器。⑤每次铺设一层,用弱面(片状云母粉)将层与层分开,在每层层面上覆盖 1~2 mm 厚的云母粉达到分层的目的,显示岩层层理。⑥制作好模型养护 5~7 d,开始进行试验。将加压装置的出水口与水囊进水管路进行连接,按照设计方案进行煤层开采。

4.3.3 加载系统

通过在模型顶部加载一定重量金属块来代替上覆岩层自重,2 500 kg/m^3 为上覆岩层模型的容重,通过计算 496 m 的埋深所产生的压强为

$$\sigma = \gamma h = 496 \times 2\ 500 = 12.40 \times 10^5\ \mathrm{kg/m^2} = 12.40\ \mathrm{MPa}$$

根据安徽理工大学自制试验台模型的尺寸和预定比例,计算出实际加载压力。

4.3.4 煤层底板破坏与递进导升协同突水动态监测系统

本研究通过自主研制的动态监测系统,将试验过程中采集的应力数据、水流量变化数据与底板裂隙的发育状态相结合,采用恒压注水、定点观测、递进导升水量定量采集和应力多方位监测四位一体的方法,对采动影响下的底板裂隙发育与递进导升协同突水过程进行了模拟。通过对断层区域内布置的应力测点数据进行分析,发现随着工作面推进,断层的活化程度不断变化,底板岩体应力不断释放,承压水导升高度随之增加。通过观测底板岩体卸荷程度与监测管出水量之间的关系,直观展现了递进导升协同突水过程。该试验对采动影响下底板破坏裂隙发育和递进导升协同突水过程进行了再现,实现了工作面回采过程中底板定点定量动态监测,揭示了采场底板破坏与递进导升协同突水机制及两

者之间的时空演化规律。如图4-6和图4-7所示,图中标号:1开切眼、2工作面推进方向、3煤层、4动态观测管、5隐伏断层柔性水囊Ⅱ、6定量水量采集管、7柔性水囊Ⅰ、8高压注水管、9加压泵、10压力表、11应力测点、12水量测量器、13岩层、14倾角90°扩展裂隙、15倾角60°扩展裂隙、16倾角30°扩展裂隙、17水阀、18水量自动计量计。

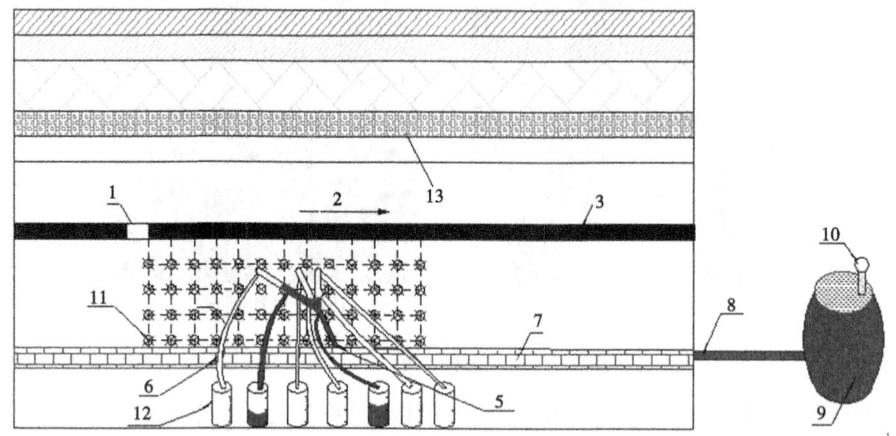

图4-6 煤层底板破坏与递进导升协同突水动态监测系统

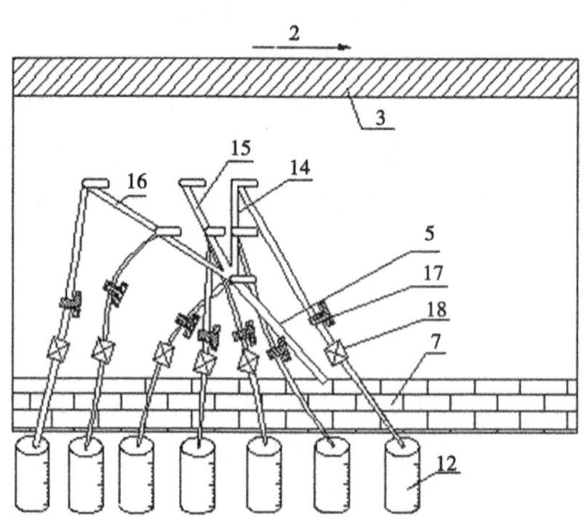

图4-7 递进导升水量定量采集装置结构示意

承压水恒压加载系统(见图4-8)主要由 L_8 灰岩高强度柔性聚氨酯水囊Ⅰ、隐伏断层高强度柔性聚氨酯水囊Ⅱ和加压装置组成。注水后高强度柔性聚氨酯水囊Ⅰ具有一定柔性,还能分担上部荷载特性,该水袋整体材料一次成型可以避免出现漏水,水囊Ⅰ中部开孔与隐伏断层高强度柔性聚氨酯水囊Ⅱ贯通,右端为注水口,保证底板承压水与断层水压一致。隐伏断层倾角为45°,提前预埋断层柔性水囊Ⅱ代替奥灰水作用,最大导升高度15 cm。试验时,在工作面开采过程中,煤层底板部位出现裂隙,承压水导升动态观测管水流流出,水囊压力将下降,加压水泵的出水口与水囊Ⅰ和水囊Ⅱ的进水口相连接,加压装置的自动补保压功能可以使其维持在设定值,赵固一矿煤层底板所承受水压为5.0 MPa,根据容重相似比换算本模型试验加压装置所需压力为0.03 MPa,保证水囊的水压恒定不变,传感器数值显示器能实时监测施加压力的大小。

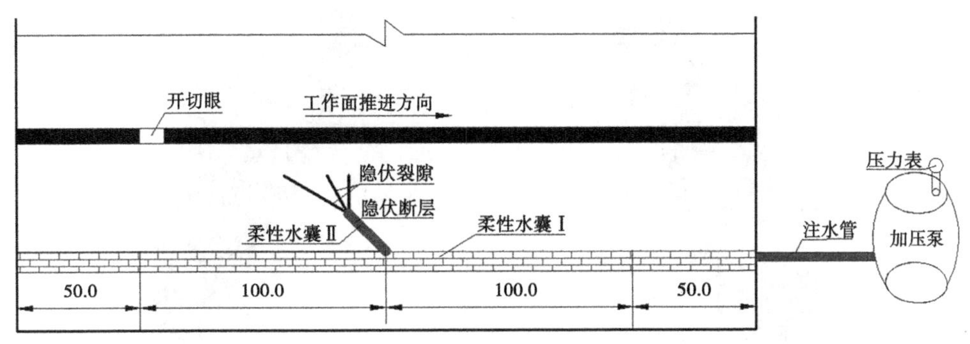

图 4-8　承压水恒压加载系统　（单位:cm）

承压水导升动态定点观测系统主要包括加压装置、L_8 灰岩高强度柔性聚氨酯水囊Ⅰ(见图 4-9)、隐伏断层高强度柔性聚氨酯水囊Ⅱ、宝塔接头、柔性可膨胀软管、微型柔性三通组成。为了更动态相似模拟采场底板岩层破坏与递进导升共同引发突水的过程本质的变化过程,在隐伏断层上部分别开三个分支代替隐伏断层的不同隐伏裂隙(见图 4-10),为了便于研究,假定隐伏裂隙角度 30°为裂隙 1、60°为裂隙 2、90°为裂隙 3,分别用软管代替。裂隙 1 设有动态观测管 1-1、1-2 和 1-3,裂隙 2 设有动态观测管 2-1、2-2 和 2-3,裂隙 3 设有动态观测管 3-1、3-2 和 3-3。动态观测管采用可膨胀柔性软管,初始状态为闭合,在工作面推进过程中,在矿压和水压共同作用下,煤层底板下形成相互叠加应力场与水压场,在原始状态时柔性导升管初始状态闭合,受采动影响的先发生膨胀,由于煤层底板岩层卸压出现充水,当达到动态观测管位置,观测管水流出,表现出该层位底板裂隙的发育,得到承压水在底板内部的导升高度,发生递进导升现象,可以动态看到递进导升位置。从第一动态观测管、第二动态观测管、第三动态观测管、第四动态观测管、第五动态观测管、第六动态观测管和第七动态观测管引出定量水量采集管分别接入水量测量器,在定量水量采集管上连接有水阀和水量自动计量计,其中水量自动计量计自动计量水的流量(见图 4-11)。在工作面推进过程中,煤层底板在矿压和水压共同作用下,形成应力场与水压场的叠加,根据流量的大小,可分析不同位置层位底板裂隙的发育,更加直观呈现递进导升协同突水机制过程,实现工作面回采过程中底板定点定量动态监测,揭示了采场底板破坏与递进导升协同突水机制及两者之间的时空演化规律。

在煤层的模拟开采过程中,更加直观地体现煤层底板应力的变化规律。沿工作面走向方向在煤层底板、隐伏断层和动态观测管周边布置应力测点(见图 4-12),共布置 38 个测点,采用高灵敏度光电应变片,静态电阻应变仪采用 CM-2B-64 程控静态电阻应变仪,如图 4-13 所示,从而建成承压水上采煤采场底板岩层破坏与递进导升共同引发突水的相似预测点。同时,在模型正面的不同岩层层位采用网格法周边布置位移测点(见图 4-14),在模型一面涂上白色涂料,打上黑色 10 cm×10 cm 正方形网格,煤层底板重点关注区域打上 5 cm×5 cm 正方形网格,贴"十字丝"标签在网格线交叉点上。根据断层区域范围内布置应力测点并进行数据分析,随着工作面推进过程,断层的活化程度发生变化,伴随底板岩体应力不断释放,承压水导升高度也随之增加,观测底板岩体卸荷程度与监测管出水量之间的关系,更加直观地呈现递进导升协同突水机制过程。

图 4-9　L_8 灰岩高强度柔性聚氨酯水囊 Ⅰ

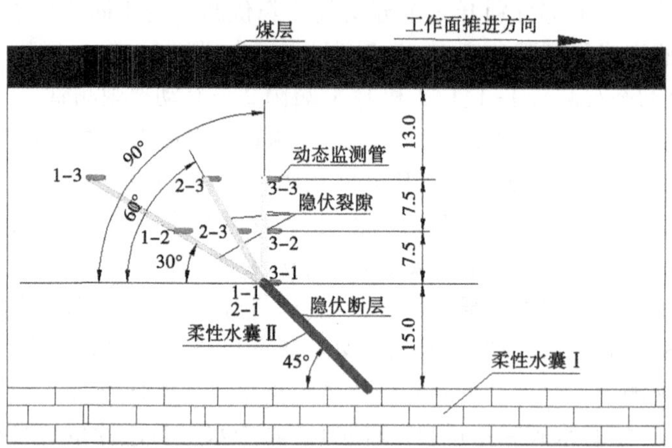

图 4-10　递进导升动态观测系统　（单位:cm）

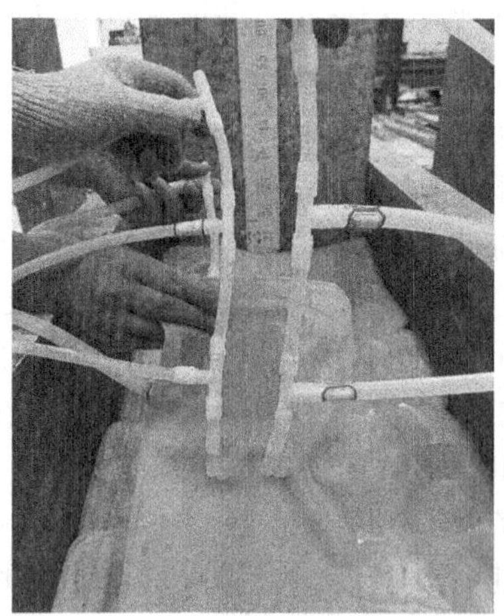

图 4-11　递进导升动态观测管相似模拟铺设

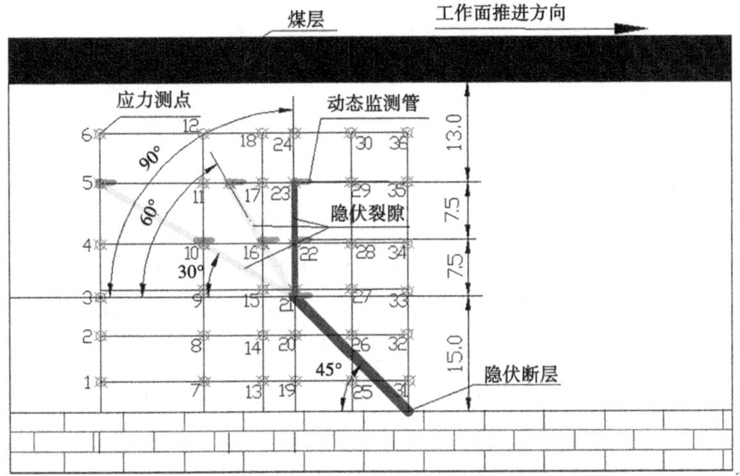

图 4-12 应力测点布置 （单位：cm）

图 4-13 应力采集系统

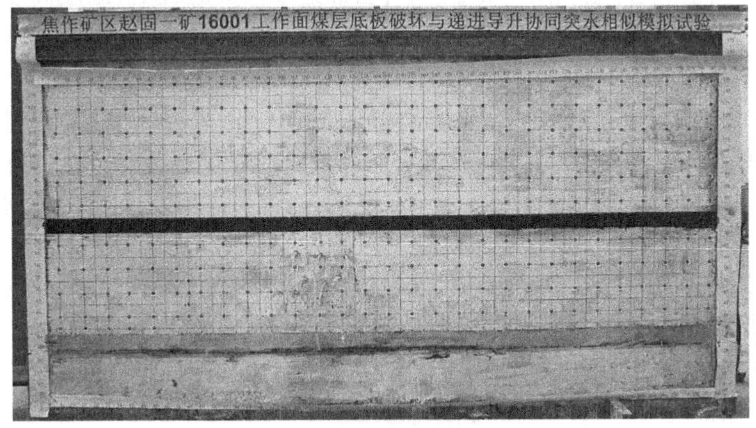

图 4-14 模型位移测点示意

4.4　试验过程及分析

4.4.1　试验过程呈现

为了直观地研究底板岩层裂隙发育与递进导升协同规律,工作面开挖、底板破坏现象的记录和拍照等工作同时进行。模型工作面长 200 cm,为了消除边界效应对试验的影响,将模型从左到右进行开挖,距离边界 50 cm 作为保护煤柱开切眼,开切眼宽为 10 cm,最右边 50 cm 作为保护煤柱,以 5 cm 为开挖进尺,共开挖 39 次,共开挖 200 cm,每次开挖后间隔 2 h 观察并记录,尤其是对底板岩层裂隙发育、隐伏断层和隐伏裂隙重点区域进行观察。假定隐伏断层端部延伸扩展 3 条不同隐伏裂隙,分别为隐伏裂隙角度 30°、60°和 90°,当达到动态观测管位置,观测管水流出,判断该层位底板裂隙的发育程度,得到承压水在底板内部的导升高度,实现递进导升过程动态观测。随着工作面不断开挖,综合因素分析煤层底板裂隙发育扩展规律、应力变化和导升动态水量三者之间关系变化。在试验过程中,要检查水囊Ⅰ和水囊Ⅱ的压力值,保证模拟断层充水水压的水囊的水压恒定不变。按照上述设计方案逐步开挖模型,可分析采场底板岩层破裂和递进导升协同规律特征,如图 4-15 所示。

由图 4-15 随着工作面推进顶底板破坏情况分析可知:

(1)整个工作面开挖过程自左向右,开切眼宽为 10 cm,如图 4-15(a)所示,以 5 cm 为开挖进尺,随着采空区的增加,煤层顶板岩层依次经历离层、断裂直至垮落。工作面推进 45 cm 时,初次垮落开始出现,如图 4-15(b)所示,垮落步距 30 cm,厚度为 4. 5 cm,直接顶 1. 5 cm,老顶为 3 cm。工作面推进 60 cm 时,如图 4-15(c)所示,全部老顶垮落,步距 40 cm,老顶上覆岩层逐渐出现裂隙和离层现象。在工作面继续推进一定距离后,工作面出现初次来压、周期来压及关键层破断等顶板岩层周期性垮落现象。

(2)随着工作面推进,图 4-15(a)显示开切眼 5 cm 时,原岩应力破坏底板破坏裂隙萌生。图 4-15(b)中,当工作面推进 45 cm 时,顶板开始垮落,底板岩层出现明显的破裂和微小的裂隙,原位张裂产生。图 4-15(c)中,当推进 60 cm 时,隐伏断层高度与裂隙长度明显增加,采空区底板岩层原始应力平衡被打破,煤层底板周边应力集中产生拉剪破坏,从而岩层出现裂隙的萌生、扩展,裂隙发育深度相对较浅。图 4-15(d)中,当工作面回采到 70 cm,底板裂隙长度扩展破坏深度增大,深度达 10 cm,煤层底板下以拉伸和剪切破坏形式为主,原位采动导升带发育;随着煤层进一步开挖,煤层底板破坏区的深度和范围逐渐加大。图 4-15(e)中,当推进到 85 cm 时,递进导升高度继续向上,受采动影响导升高度不断向上发展,而底板采动破坏深度继续向下发展。图 4-15(g)中,当推进到 120 cm 时,底板岩层中不断出现新的裂隙,并且老裂隙继续发展和延伸,最终煤层底板向下发展的裂隙与断层导升破坏向上延伸的裂隙贯通,发生突水。

(3)随着开挖距离的增大,当工作面推进间隔 20~25 m 时,底板发生一次大的周期性破裂;当工作面推进间隔 10~12 m 时,顶板发生一次大的周期性垮落,隐伏断层递进导升高度升高,说明底板岩层破坏的周期性与顶板周期来压存在基本一致性,底板发生周期性

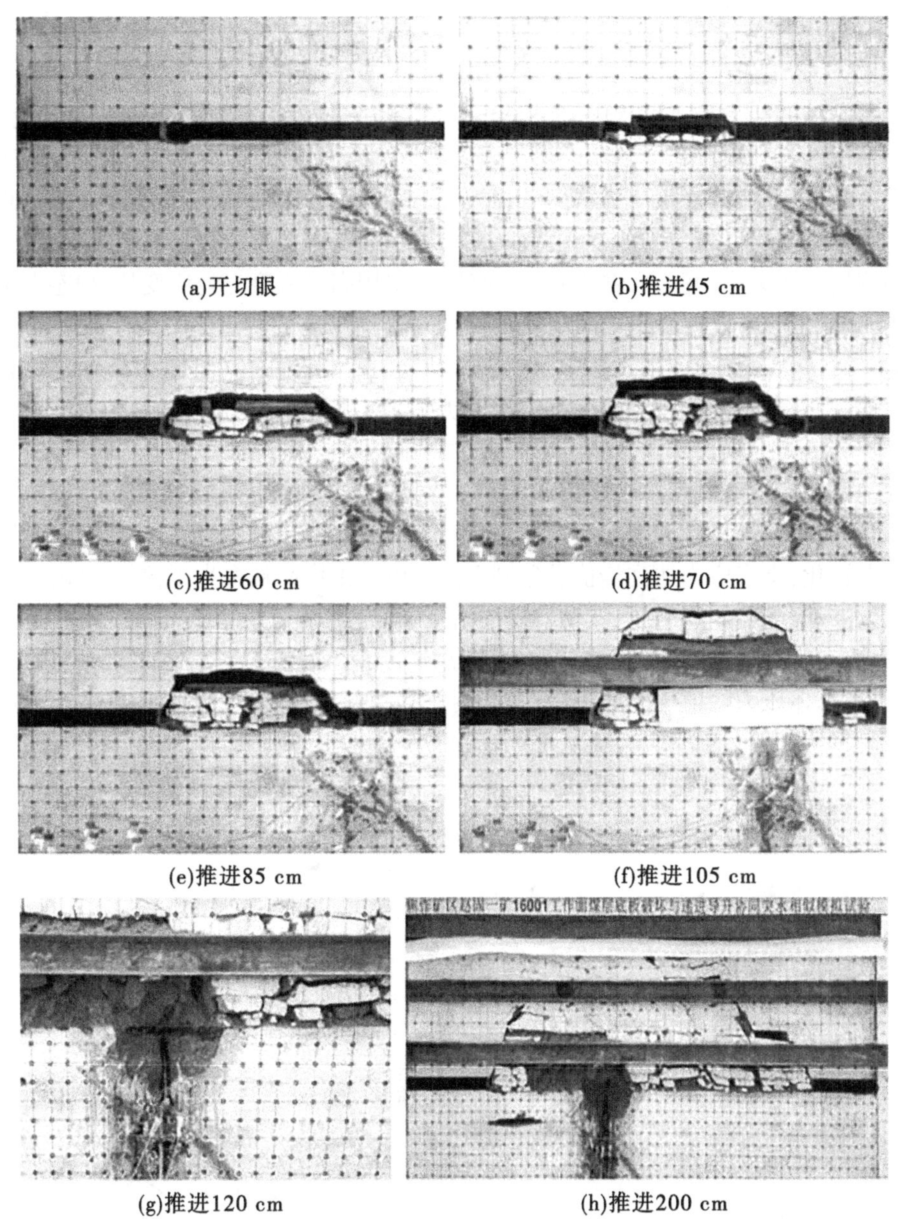

(a)开切眼　(b)推进45 cm

(c)推进60 cm　(d)推进70 cm

(e)推进85 cm　(f)推进105 cm

(g)推进120 cm　(h)推进200 cm

图 4-15　随着工作面推进顶底板破坏情况

破坏和递进导升高度升高是工作面周期来压的影响因素之一，从两者周期间隔距离分析，底板岩层破坏的距离为周期来压距离的 2 倍。在承压水压力影响下，承压水沿着底板岩层新的分支裂纹在裂纹两端部扩展从而减小了有效隔水层厚度。动水压力主要是以冲击性矿压的作用使得底板导升裂隙内地下水来不及发生排泄，从而形成水压快速瞬间升高现象。这种压力对裂隙内在具有楔劈作用，可以使底板充水裂隙瞬间快速扩展，与煤层底板下破坏裂隙进行贯通，发生突水。底板破坏与递进导升协同突水主要是矿山压力和承压水压力两者共同作用的结果。

4.4.2 煤层底板岩体的应力变化规律

在工作面的回采推进过程中，顶板悬跨度长度越来越大，从而悬露面积逐渐增加，导致增加顶板传递到煤壁前方的压应力。煤层前方底板处于受压状态，当煤层回采形成底板采空区为卸压状态，底板应力得到了释放，应力压缩向卸载状态转化。在开采过程中为了反映和分析煤层底板应力的变化特征，在沿工作面走向模型的煤层底板、隐伏断层和动态观测管周边布置应力测点，共布置 38 个测点，采用高灵敏度光电应变片，静态电阻应变仪采用 CM-2B-64 程控静态电阻应变仪。现对不同深度的测点 24$^{\#}$、23$^{\#}$、22$^{\#}$、21$^{\#}$、19$^{\#}$进行数据分析。从工作面回采过程中测点应力变化规律测试曲线(见图 4-16)可看出，随着工作面推进，处于不同深度的测点都依次经历了采前压缩、采后膨胀、应力恢复 3 个基本阶段。随着工作面煤层开挖向测点方向推进，当推进到 60 cm 时，工作面周期来压，底板应力波动反应。由于测点水平距切眼距离为 85 cm，垂直应力逐渐升高至底板岩层测点处，当工作面煤壁推进到 85 cm 测点正上方时，应力由正转负，煤层底板岩层应力压缩向卸载状态转化，垂直应力达到峰值后急剧下降。由于工作面初次来压，测点处的垂直应力状态发生波动，随着周期来压，波动效果逐渐减弱，垮落矸石充填压实应力测点上方采空区，应力逐渐恢复平衡，最后达到原岩应力状态。随着测点 24$^{\#}$、23$^{\#}$、22$^{\#}$、21$^{\#}$、19$^{\#}$底板深度的增加，总体压力峰值逐渐减小，所考察测点到切眼距离相同，发现距离煤层越近测点卸荷速率越快。测点 19$^{\#}$距 L_8 奥灰水比较近的承压水压力垂直向上加速了底板的卸荷过程。

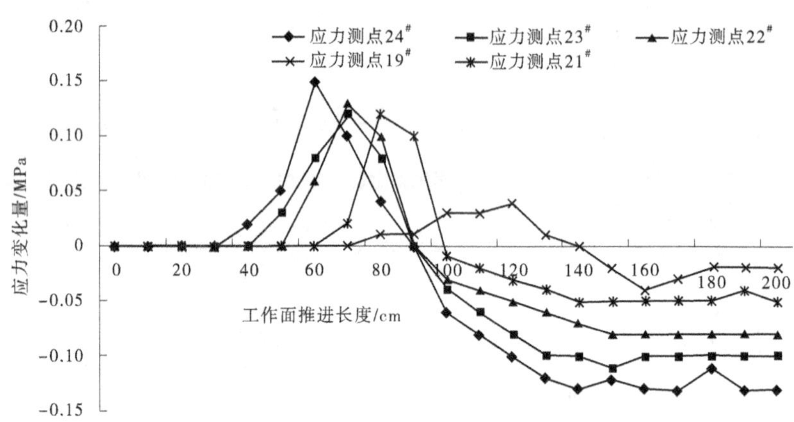

图 4-16 工作面回采过程中测点应力变化规律

根据断层区域内布置应力测点数据分析，随底板岩体应力不断释放，承压水导升高度也随之增加。随着工作面推进断层的活化程度不同，隐伏断层递进导升经历 4 个阶段：自然导升阶段、递进导升阶段、强化导升阶段及贯通阶段，观测底板岩体卸荷程度与递进导升高度之间的关系。

隐伏断层递进导升过程经历了 4 个阶段，且与煤层底板岩体裂隙发育的速度和规模有着重要关系。随着底板岩体应力不断释放，底板裂隙迅速扩展给承压水创造了足够的导升空间，在裂隙尖端部位形成一定能量积聚，增加了应力强度因子，导致岩石自身破坏，承压水导升高度逐渐上升，隔水厚度具有阻隔 L_8 灰岩水渗流的功能，有效隔水层厚度减小，易形成突水通道，突水可能性增大。煤层前方底板先为受压力状态，煤层回采后形成底板采空区为卸压状态，煤层底板应力得到了释放，应力压缩向卸载状态转化，随着煤层应力释放，递进导升高度不断增加，当工作面推进至 85 cm 左右时，回采应力卸荷达到峰值，而递进导升程度进入强化阶段，说明底板岩体卸荷程度与递进导升强度同步出现，直观呈现了采场底板破坏与递进导升协同突水机制及两者之间时空演化规律。

自然导升阶段是指在不受采矿应力扰动的条件下，煤层底板在承压水影响下，隐伏构造处岩层原始发育导升高度的过程，这一阶段一般是指工作面距含断层区域距离较远，采动引起的应力变化未影响到断层区域，隐伏断层自然导升段初始发育高 15 cm，断层自然导升阶段工作面推进长度为 0～20 cm。

递进导升阶段是指在采动应力的影响下，底板裂隙尖端处出现应力集中，在裂隙尖端部位形成一定能量积聚，裂隙长度扩展延伸，导致岩石自身破坏，明显改变了岩石弹性性能的层带。隐伏断层在此阶段工作面推进长度为 20～85 cm。

强化导升阶段是指随着工作面距断层距离的缩短，断层附近岩体受采动应力作用愈加明显，岩体破坏程度加强，裂隙长度扩展延伸强度增大，递进导升高度上升快。隐伏断层在此阶段工作面推进长度为 85～120 cm。

贯通阶段在煤层底板裂隙向下扩展，隐伏断层裂隙向上递进导升，导升高度逐渐上升，当递进导升高度渗入底板破坏区域相互连通后形成底板突水通道，承压水沿突水通道裂隙进入采空区与底板采动破坏区贯通，煤层底板发生突水。隐伏断层在此阶段工作面推进长度为 120～200 cm。

通过采用煤层底板破坏与递进导升协同突水定点动态监测试验方法，直观地实现了底板不同位置处煤层底板破坏与承压水动态递进导升规律观测，并获得了隐伏断层递进导升过程的自然导升阶段、递进导升阶段、强化导升阶段以及贯通阶段演化特征，为模拟分析该条件下底板突水机制研究提供了新方法和手段。在整个工作面开挖过程中，如图 4-17 所示，当隐伏断层推进至 85 cm 后，工作面推进 35 cm 左右时，底板破坏带与隐伏断层递进导升高度对接贯通，发生工作面断层滞后突水，说明煤层底板破坏与递进导升协同作用引起突水有一定滞后性。

工作面推进长度与应力变化、递进导升高度关系见图 4-17。

4.4.3　煤层底板承压水的递进导升变化规律

随着工作面回采推进，在隐伏断层上部分别开 3 个分支代替隐伏断层不同隐伏裂隙，分别对隐伏裂隙角度 30°、60°和 90°中 9 个动态观测管进行数据采集。由于动态观测管采用可膨胀柔性软管，初始状态为闭合，在工作面推进过程中，煤层底板在矿压和水压共同作用下，形成应力场与水压场的叠加，随着底板岩体应力不断释放，底板裂隙迅速扩展，给承压水创造了足够的导升空间，从而导致柔性导升管初始状态闭合的先发生膨胀，然后出现充水，当达到动态观测管位置，观测管水流出，显示出该层位底板裂隙的发育情况，得到承压水在底板内部的导升高度，发生递进导升现象，可以动态看到递进导升位置。当工作面推进 45 cm 时，初次垮落开始出现，底板岩层出现明显的破裂和微小的裂隙，原位张

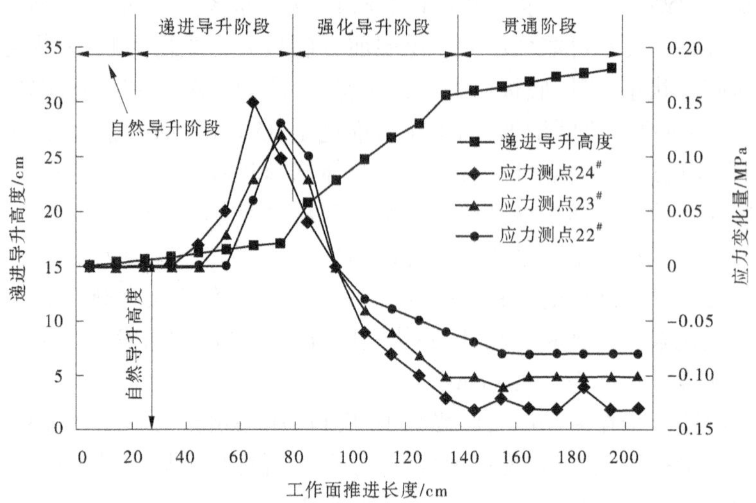

图 4-17 工作面推进长度与应力变化、递进导升高度关系

裂产生,动态观测管 1-1、2-1 和 3-1 出水。当工作面推进 60 cm 时,隐伏断层高度与裂隙长度明显增加,采空区底板岩层原始应力平衡被打破,煤层底板周边产生应力集中,产生拉剪破坏,从而岩层出现裂隙的萌生、扩展,裂隙发育深度相对较浅,动态观测管 1-1、1-2、2-1、2-2 和 3-1 出水,如图 4-18 所示。当推进到 70 cm 时,随着裂隙长度的增加破坏深度也增大,煤层底板下以拉伸和剪切破坏形式为主,原位采动导升带发育;随着煤层进一步开挖,煤层底板破坏区的深度和范围逐渐加大,动态观测管 1-1、1-2、2-1、2-2、3-1 和 3-2 出水,其中动态观测管 3-2 出水量较小。当推进到 85 cm 时,递进导升高度继续向上,受采动影响导升高度不断向上发展,而底板采动破坏深度继续向下发展,应力由正转负,煤层底板岩层应力压缩向卸载状态转化,垂直应力达到峰值后急剧下降,动态观测管 1-1、1-2、2-1、2-2、2-3、3-1、3-2 和 3-3 出水,动态观测管水量增大,但动态观测管 2-3 和 3-3 出量较小;当推进到 120 cm 时,底板岩层中新的裂隙不断出现,并且继续发展和延伸老裂隙,煤层底板破坏向下发展裂隙与断层导升破坏向上延伸裂隙贯通,动态观测管 1-1、1-2、2-1、2-2、2-3、3-1、3-2 和 3-3 出水,但动态观测管 1-3 始终没有出水。

通过对隐伏裂隙角度 30°、60°和 90°中 9 个动态观测管进行数据采集分析,在工作面推过隐伏裂隙上方后,倾角 30°隐伏裂隙主要在上半部分出现裂纹而活化,而倾角 45°、90°隐伏裂隙由上至下整体出现裂纹,这两种情况活化程度差别不大。但倾角 30°平缓的隐伏裂隙,与倾角 45°、90°隐伏裂隙相比活化程度降低,由于底板采动破坏沿断层延展的深度减小,动态观测管 1-3 始终没有出水,被围岩重力压紧平缓断层面,导致摩擦效应限制隐伏裂隙岩体沿着断层面的相对移动,从而阻碍活化,出现动态观测管 1-3 始终没有出水现象。

在煤层开采过程中,为更加直观说明煤层底板应力的变化规律,模型沿工作面走向方向煤层底板、隐伏断层和动态观测管周边布置应力测点,采用高灵敏度光电应变片,从而建成承压水上采煤采场底板岩层破坏与递进导升共同引发突水的相似预测点,根据断层区域范围内布置应力测点并进行数据分析,随着工作面推进,断层的活化程度发生变化,

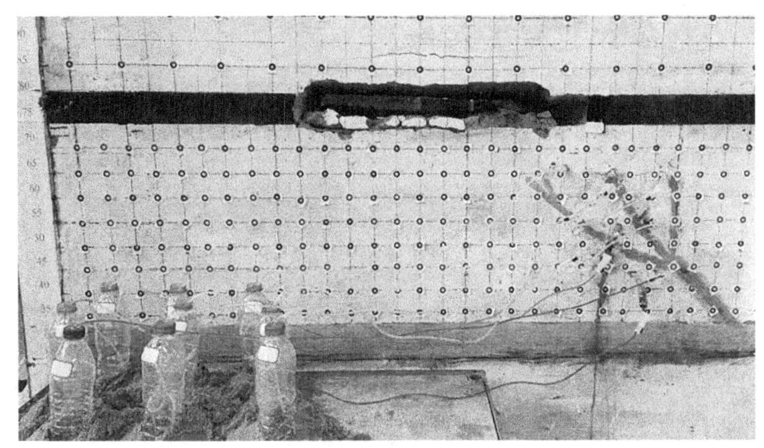

图 4-18 工作面推进 60 cm 动态观测管数据采集

伴随底板岩体应力不断释放,承压水导升高度也随之增加,观测底板岩体卸荷程度与监测管出水量之间的关系,更加直观呈现递进导升协同突水机制过程。

每个动态观测管处都布置应力测点,下面以隐伏裂隙倾角 90°所处动态观测管 3-2 和 3-3 对应应力测点 22#和 23#为例分析底板岩体卸荷程度与监测管出水量之间的关系。从图 4-19 和图 4-20 分析可得出,动态观测管出水量与工作面回采所引起的应力显现对底板岩体裂隙发育的速度和规模有着重要影响,随着底板岩体应力不断释放,底板裂隙迅速扩展给承压水创造了足够的导升空间,在裂隙尖端部位形成一定能量积聚,增加了应力强度因子,导致岩石自身破坏,承压水导升高度逐渐上升。当采动应力卸荷峰值,动态观测管水量增加,底板岩体卸荷程度与动态观测管水量同步达到峰值,随着工作面推进,采后应力恢复,使煤层底板裂隙状态发生闭合。当卸荷峰值点后时,动态观测管出水量出现减少现象。在工作面推进到 120 cm 时,动态观测管 3-2 出水量强度增加,因动态观测管 3-2 位于煤层下方 13 cm 处,在工作面隐伏断层裂隙推进 35 cm 左右后,底板破坏带与隐伏断层递进导升高度对接贯通,发生工作面断层滞后突水,煤层回采致使地应力重新分布,底板卸压区域将断层包裹,从而提高了渗透性,水在隐伏断层内相互贯通裂隙运动,导致裂隙内静水势能变成动能,对裂隙壁面产生冲刷和扩张作用,底板破坏与递进导升协同作用将裂隙贯通,这种影响具有一定时效性,含水层水头沿着断层向上导升,说明底板破坏与递进导升协同引起突水有一定滞后性。

4.4.4 工作面回采过程中底板岩体的裂隙发育与递进导升协同规律

在整个相似模拟开挖过程中,工作面先后经历了直接顶垮落、基本顶初次来压、周期来压过程,煤层底板断层裂隙的宽度和高度出现了不同程度的变化。工作面端部的应力集中和顶板岩层垮落对底板的动载发挥着冲击作用,产生了底板岩层裂隙的萌生、发育,在底板破坏深度以下经历主要过程有采前增压(压缩)→卸压(膨胀) →恢复。同时在煤层底板裂隙尖端处隐伏断层出现应力集中,在裂隙尖端部位形成一定能量积聚,增加了应力强度因子,导致岩石自身破坏,导升高度逐渐上升,循环上述过程,底板破坏深度与递进导升高度之间岩桥破裂、对接、贯通时,发生突水。

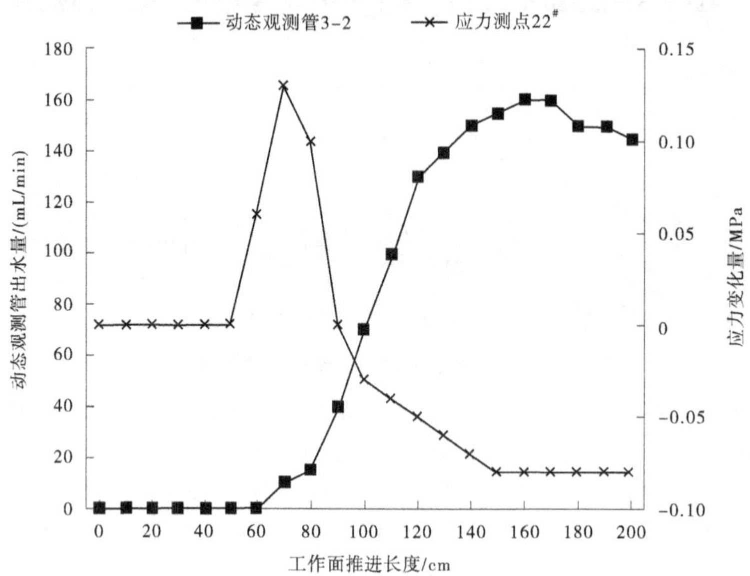

图 4-19　动态观测管 3-2 出水量与应力变化量

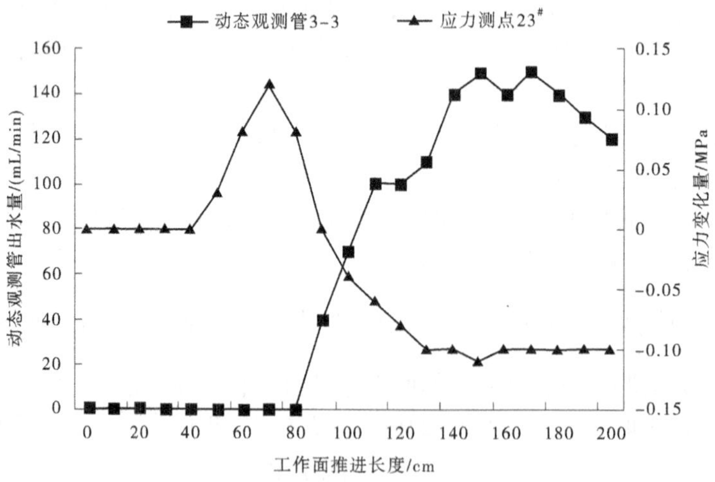

图 4-20　动态观测管 3-3 出水量与应力变化量

从图 4-21 可以看出：

(1)随着工作面煤层开挖,在底板破坏深度以下的岩层主要经历以下过程:采前增压(压缩)→卸压(膨胀)→恢复。岩层经历首先破裂进入应力集中,随后裂隙发育扩展,最后应力再集中的破坏循环过程。随着工作面推进而重复出现循环上述过程,当递进导升高度渗入底板破坏区域相互连通后形成底板突水通道,承压水沿突水通道裂隙进入采空区与底板采动破坏区贯通,煤层底板发生突水。

(2)通过相似模拟试验,煤层底板在矿压和水压共同作用下,底板岩层破裂与递进导升协同突水过程为原位张裂萌生形成自然导升带→底板破坏深度向下延伸→递进导升带向上的发育→递进导升带与底板导水破坏带连通。该过程揭示了采场底板破坏与递进导升协同突水机制及两者之间的时空演化规律。

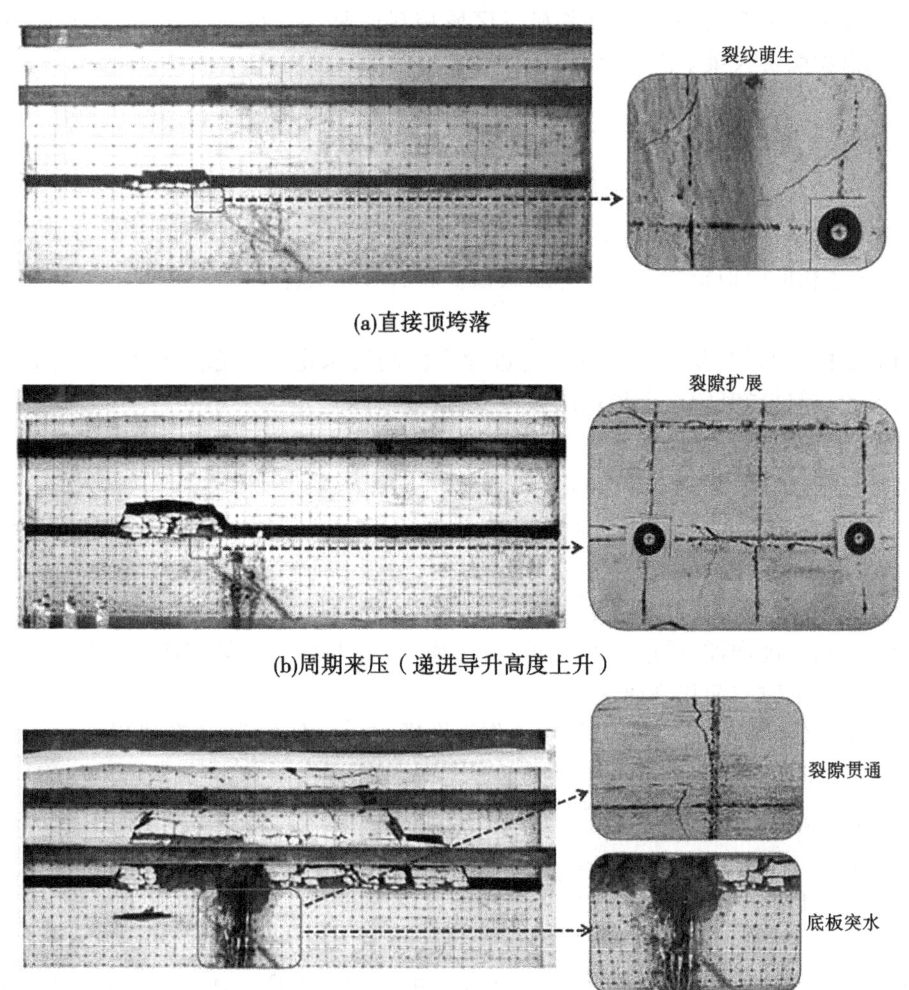

图 4-21　底板岩体的裂隙发育与递进导升协同突水过程

(3)随着工作面煤层开挖,在采空区下方的底板岩体中层向裂隙较为发育,而剪切裂隙和竖向裂隙较为发育的部位主要集中在开切眼和工作面煤壁侧浅部底板岩体中。采动后隐伏断层递进导升,底板产生明显裂隙,孔隙渗流状态表明,注水混入蓝色染料标记的承压水沿递进导升裂隙渗入底板采动破坏区两者发生贯通,突水现象发生。

(4)煤层底板能否有效阻止含水层高压水的突出是承压水上采煤的关键问题,在采动应力影响下,底板的破坏深度与递进导升高度之和即为有效隔水层厚度。底板自然导升带发育规律为自下而上逐渐向承压含水层底板破坏导水带靠近,随着推进底板自然导升带范围厚度不断扩大,与承压含水层连通,之后承压水沿递进导升带进入底板导升带,使有效隔离带厚度减小转化为递进导升高度,进而递进导升带底板有效隔水层厚度减小。随着工作面继续推进,在底板岩层破裂与递进导升协同作用下,底板破坏导水带增大,递进导升高度继续上升,直至渗入底板破坏区域相互连通,最后形成底板突水通道,承压水沿突水通道裂隙进入采空区,煤层底板突水事故发生。

4.5 本章小结

为研究底板采动破坏与递进导升协同突水过程,以焦作矿区赵固一矿开采二$_1$煤层为背景,建立相似模拟模型。研究煤层底板下岩层裂隙发育规律、断层扩展形式及突水通道形成过程。

(1)自主研制了煤层底板破坏与递进导升协同突水定点动态监测系统,该系统由恒压加压装置、递进导升定点定量观测装置、递进导升水量定量采集装置、应力检测系统等组成,精准地模拟出了承压水对底板岩体的力学作用,直观地实现了底板不同位置处煤层底板破坏与承压水动态递进导升规律观测。

(2)运用相似模拟技术,系统研究了底板裂隙扩展与隐伏断层递进导升突水动态发展过程,提出了隐伏断层递进导升过程经历了自然导升阶段、递进导升阶段、强化导升阶段以及贯通段 4 个阶段,且与煤层底板岩体裂隙发育的速度和规模有着重要关系。随着底板岩体卸荷程度增加,递进导升程度加强,揭示了采场底板破坏与递进导升协同突水机制及两者之间的时空演化规律。

(3)当工作面推进至 85 cm 时,在工作面推进 35 cm 左右后,动态观测管 3-2 出水量强度增加,因动态观测管 3-2 位于煤层下方 13 cm 处,底板破坏带与隐伏断层递进导升高度对接贯通,发生工作面断层滞后突水,说明煤层底板破坏与递进导升协同作用引起突水有一定滞后性。

(4)随着工作面煤层开挖,在底板破坏深度以下的岩层主要经历以下过程:采前增压(压缩)→卸压(膨胀)→恢复。岩层经历首先破裂进入应力集中,随后裂隙发育扩展,最后应力再集中的破坏循环过程。随着工作面推进而循环出现上述过程,当递进导升高度渗入底板破坏区域相互连通后形成底板突水通道,承压水沿突水通道裂隙进入采空区与底板采动破坏区贯通,煤层底板发生突水。

(5)随着工作面煤层开挖,在采空区下方的底板岩体中层向裂隙较为发育,而剪切裂隙和竖向裂隙较为发育的部位主要集中在开切眼和工作面煤壁侧浅部底板岩体中。采动后隐伏断层递进导升，底板产生明显裂隙，从孔隙渗流状态表明，注水混入蓝色染料标记的承压水沿递进导升裂隙渗入底板采动破坏区两者发生贯通，突水事故发生。

(6)煤层底板能否有效阻止含水层高压水的突出是承压水上采煤的关键问题，底板自然导升带发育规律为自下而上逐渐向承压含水层底板破坏导水带靠近，随着推进底板自然导升带厚度范围不断扩大，与承压含水层连通，之后承压水沿递进导升带进入底板导升带，使有效隔离带厚度减小转化为递进导升高度，导致递进导升带底板有效隔水层厚度减小。随着工作面继续推进，在底板岩层破裂与递进导升协同作用下，底板破坏导水带增大，递进导升高度继续上升，直至渗入底板破坏区域相互连通，最后形成底板突水通道，承压水沿突水通道裂隙进入采空区，煤层底板突水事故发生。

5 底板采动裂隙分布与递进导升规律数值模拟研究

在工作面开采矿压扰动影响下，工作面重新调整四周围岩应力状态，形成多场共同耦合作用下的应力-应变反应。鉴于底板采动裂隙分布与递进导升规律的复杂性，本书在第3章单纯采用理论计算法难以对水岩耦合条件下底板破坏与递进导升效应准确计算。为了更加直观地模拟真实情况下承压水对断层带及底板中裂隙的冲刷、劈裂作用，本章在上章相似模型的基础上，基于流固耦合理论，应用 FLAC 3D 软件，采用数值模拟的方式系统性地研究底板裂隙扩展与隐伏断层递进导升突水动态发展过程，通过模拟隐伏断层底板的岩体的应力分布、变形破坏特征、渗流规律及裂隙扩展机制，系统性地研究工作面推进过程中承压水在底板断层区域的导升、扩展和突水过程，揭示采动破坏与递进导升协同突水机制。

5.1 数值模型建立

随着国内煤矿开采深度不断增大，底板水害事故发生率也逐渐升高，煤层底板隐伏断层突水一直影响煤矿安全生产。可以通过模拟隐伏断层底板的岩体应力分布、变形破坏特征、渗流规律及裂隙扩展机制，系统性地研究工作面推进过程中承压水在底板断层区域的导升、扩展和突水过程，揭示隐伏断层底板原位张裂隙产生→与承压含水层导通→原位导升带发育→采动破坏带与递进导升带贯通→底板岩层破裂与递进导升协同突水机制。

5.1.1 地质条件

模拟选用焦作矿区赵固一矿 16001 工作面，走向长度平均为 901.5 m，工作面长度为 205.5 m，煤层为二$_1$ 煤层，煤层平均厚度为 6.4 m，平均倾角为 6°。煤层直接顶为砂质泥岩，厚度为 5.3~21.7 m；老顶为中粒砂岩，厚度在 2.1~12.3 m。直接底为粉砂岩，砂质泥岩厚度为 16.4~20.5 m；老底为 L_9 灰岩，厚度为 1.8~2.2 m。工作面主要充水水源为底板 L_8 灰岩水，L_8 灰岩厚度为 6.0~10.0 m，平均厚 8.0 m，上距二$_1$ 煤层底板 26.0~38.0 m，平均 32.5 m，水压为 5.0~5.3 MPa，突水系数为 0.139~0.192 MPa/m。以 F_{25} 隐伏断层为例，主采煤层为二$_1$ 煤层，在水岩耦合作用影响下，隐伏断层存在导水性，模拟底板岩层破裂与隐伏断层递进导升协同突水过程，以该隐伏断层为中心建立模型。

5.1.2 模型建立

为了便于研究底板岩层破裂与递进导升协同突水机制，本次数值模型与相似材料试验模型第4章中的实际尺寸相当，顶底板岩层的力学参数与材料试验模型基本一致，见表 5-1。数值模拟模型尺寸为 300 m×300 m×152 m，模型长 300 m，宽 300 m，高 152 m，设置 310 500 个块体、324 685 个节点，煤厚为 6 m，数值模拟隐伏断层，其倾角为 45°，宽度均为 2 m，如图 5-1 所示。隐伏断层的初始高度为 15 m，赵固一矿水压为 5.0~5.3 MPa，充水水压为 5 MPa。一个单位厚度定义为数值模型的宽度，当进行数值计算时，按照平面二维应变模型运算，比较接近实际情况。设定模型顶部埋藏深度为 580 m，其取上覆岩层模型的密度为 2 500 kg/m³，其埋深 496 m 所产生的压强为

$$\sigma = \gamma h = 496 \times 2\ 500 = 12.40 \times 10^5\ \text{kg/m}^2 = 12.40\ \text{MPa}$$

表 5-1　岩石力学参数

层号	岩层组	体积模量/GPa	切变模量/GPa	黏聚力/MPa	内摩擦角/(°)	抗拉强度/MPa	泊松比	渗透系数/(cm/s)	孔隙率	密度/(kg/m³)
1	粉砂岩	18.6	11.7	8.0	42	2.8	0.30	1.7×10^{-4}	0.35	2 700
2	砂质泥岩	18.5	12.7	8.2	36	2.6	0.22	5.32×10^{-5}	0.35	2 600
3	煤	2.7	1.6	3.0	20	1.2	0.18	4.07×10^{-3}	0.35	1 400
4	泥岩	18.7	11.7	6.5	32	1.4	0.24	3.02×10^{-6}	0.15	2 700
5	细粒砂岩	22.9	13.1	2.8	37	1.8	0.20	1.23×10^{-3}	0.3	2 700
6	中粒砂岩	19.8	11.3	8.5	33	1.7	0.2	6.72×10^{-4}	0.36	2 800
7	断层Ⅰ	3.2	1.2	0.85	25	0.27	0.34	4.2×10^{-3}	0.4	1 800
8	L_8 灰岩	40	18.5	34	40	5.1	0.3	1.3×10^{-2}	0.52	2 760

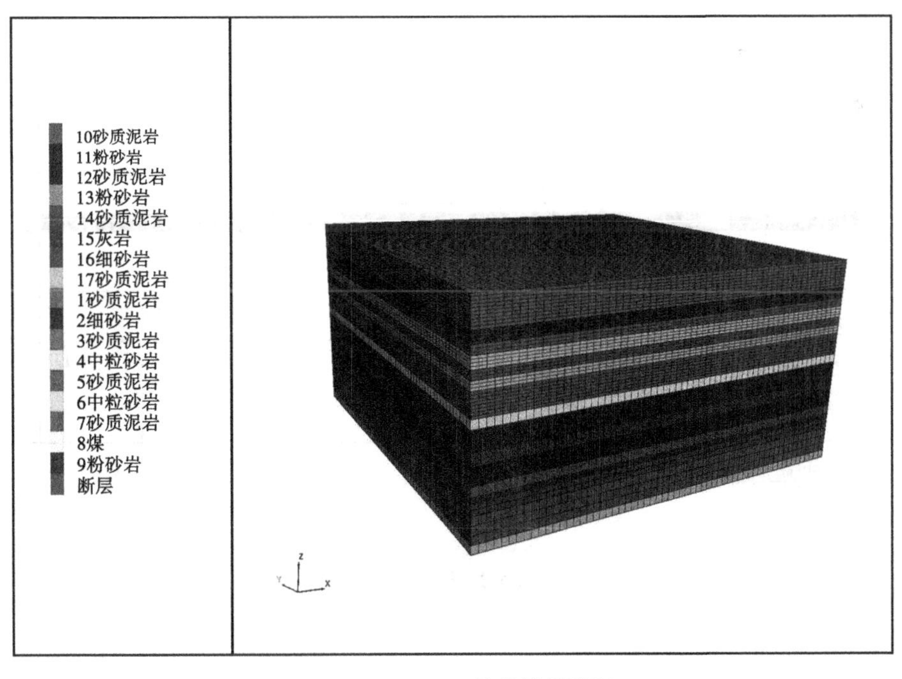

图 5-1　FLAC 3D 数值模拟模型

5.1.3　试验目的

(1)随着工作面的开挖,研究在水岩耦合共同作用下底板的损伤演化与渗流场耦合过程。

(2)从底板岩层破裂与递进导升协同突水的过程来看,随着工作面推进,验证相似模拟断层的递进导升程度经历 4 个不同阶段。

(3)系统性地研究工作面推进过程中承压水在底板断层区域的导升、扩展和突水过程。

5.1.4　数值模拟步骤

首先施加荷载,然后分步开挖,结合现场实际定义所建数值模型力学边界条件,在模型块体前后和左右边界处施加水平约束,顶部边界为位移自由面,底部边界约束水平位移和垂直位移。为减少边界效应对模型的影响,开采边界与模型边界之间留出了 50 m,沿煤层走向(x 方向)工作面开挖推进,起始于 x=50 m,两侧各留设 50 m 的煤柱。在基岩面上施加 12.4 MPa 压应力,从基岩面开始向下建立模型。开挖步距为 10 m,一次采全高,距分布开挖 10 m 后开切眼(见图 5-2)。数值模拟分别先后采用摩尔-库仑塑性本构模型和摩尔-库仑屈服准则。

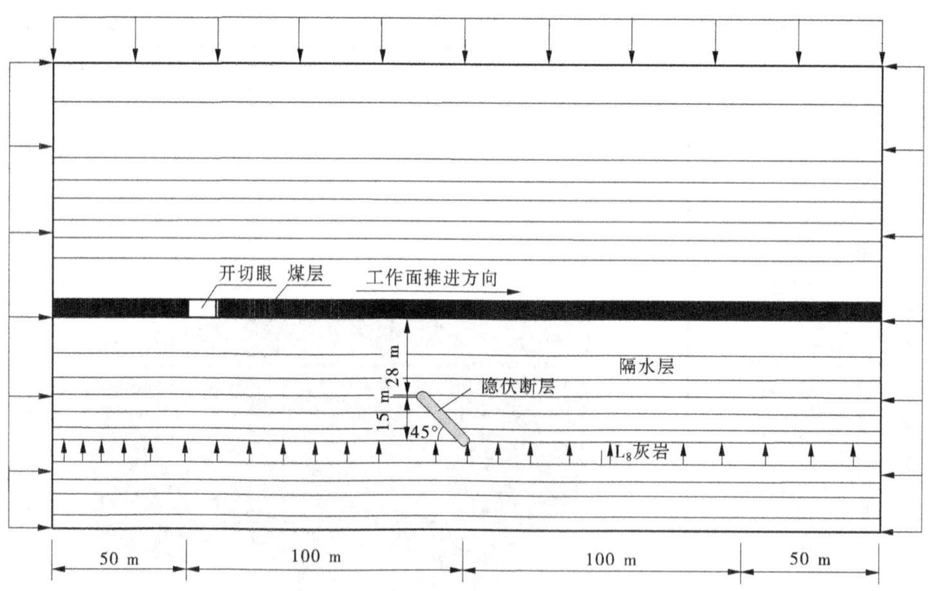

图 5-2　概化模型

5.2 底板岩层破裂与递进导升协同突水过程

本次试验的目的是研究底板岩层破裂与递进导升协同突水受采动应力及底板水压共同耦合作用的结果,其断层的初始发育高度断层为 15 m,对断层处网格进行了加密(见图 5-3),断层充水水压为 5 MPa。试验过程中,设置 conFig. fluid 渗流模式,使其符合实际岩石力学和流体力学,流固耦合计算。试验中共开挖 20 次,设计煤层开挖实际距离为 200 m。

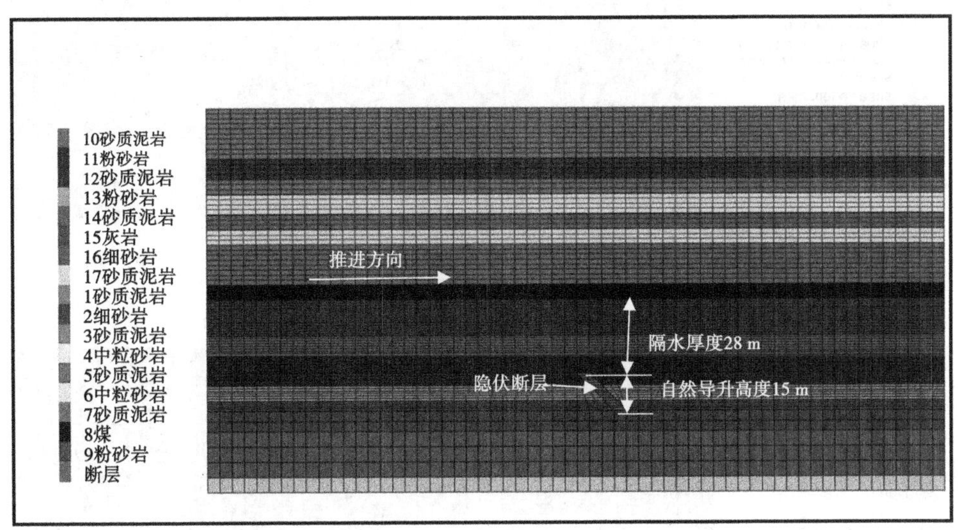

图 5-3 数值模型

模型中煤层开挖后,围岩应力重新分布,使岩石原有的应力平衡状态被改变。应力集中出现在开挖影响的范围内,当煤层底板岩层集中应力的强度大于其自身临界值时,岩石发生塑性破坏,裂隙发育扩展,岩石自身破坏进而出现塑性破坏区。根据工作面开挖步距长度的不同,分析底板岩层破裂与递进导升协同作用下导升、扩展和突水过程规律。由于在数值模拟过程中,每开挖一步都会产生塑性区分布图,图量比较大,本次分析主要关注模拟中的关键变化节点。

5.2.1 底板的损伤演化与渗流场耦合过程分析

图 5-4 及图 5-5 为模拟得出的煤层开采不同距离时的底板塑性区分布图。煤层的开挖打破了工作面围岩原有的内部应力平衡状态,应力又重新得到分布,应力发生转移并传递,当围岩所受应力大于自身临界强度时,围岩发生塑性破坏,在开挖煤层附近的围岩产生了塑性区。当煤层开挖到 10 m 处,断层底部裂隙向下扩展发生剪切破坏,最大塑性破坏深度约 2 m;当煤层开挖到 60 m 处,断层应力重新分布产生剪切塑性区,并且内部开始活化。模拟采空区底板岩层原始应力平衡被打破,煤层底板受到拉剪破坏,周边产生应力集中,在采空区内解除了原始法向压应力,水压作用在断层内部,导致断层发生相对剪切,从图 5-4 中可以清晰地看出,断层顶部周边破碎带强度较低,首先发生破坏,破坏范围较

小，随着工作面煤层开挖，塑性区范围有逐渐增大的趋势，如图 5-4 所示，当煤层开挖到 60 m 处，破坏深度大大增加，由于采空区应力释放，煤壁两侧出现应力集中，采空区中塑性区的范围渐渐增大，底板破坏形态呈马鞍形状，最大塑性破坏深度约 13 m。断层尖端处塑性区向上裂隙扩展高度约为 4 m。工作面推进从 60 m 后进入递进导升阶段。

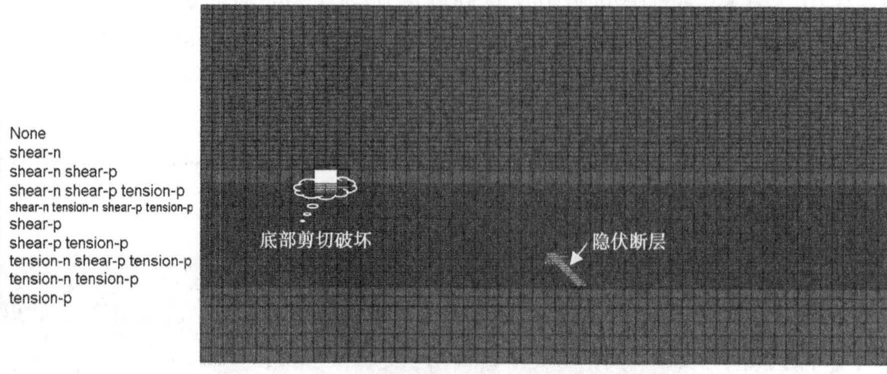

注：None—无；shear-n—剪力-n；shear-p—剪力-p；tension-n—拉伸-n；tension-p—拉伸-p，下同。

图 5-4　工作面推进 10 m 底板塑性破坏分布

图 5-5　工作面推进 60 m 底板塑性破坏分布

随着工作面煤层开挖过程的进行，塑性区范围逐渐扩大，如图 5-6 所示，当煤层开挖到 100 m 处时，破坏深度大大增加。由于采空区应力释放，煤壁两侧出现应力集中，采空区塑性区的范围渐渐增大，底板破坏形态呈马鞍形状，最大塑性破坏深度约 20 m。断层尖端处塑性区处向上裂隙扩展高度约为 6 m。当工作面开挖到达断层正上方时，在底板岩层破裂与递进导升协同作用下，塑性区向上扩展的速度急剧增加，进入强化导升阶段，断层承压水突破原位张裂带，递进导升高度继续向上，受采动影响导升高度不断向上发展，而底板采动破坏深度继续向下发展，断层裂隙处破坏从剪切塑性演变为拉张破坏，破裂带在上下剪切作用下加速破坏，使断层的递进导升高度增加。工作面推进从 100 m 开始进入递进导升阶段，断层活化性质加深，此时断层内部水压在 5 MPa 左右（见图 5-7）。

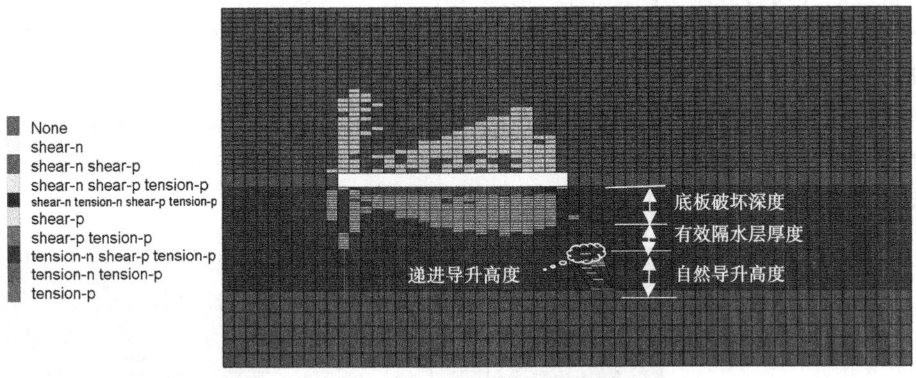

图 5-6　工作面推进 100 m 底板塑性破坏分布

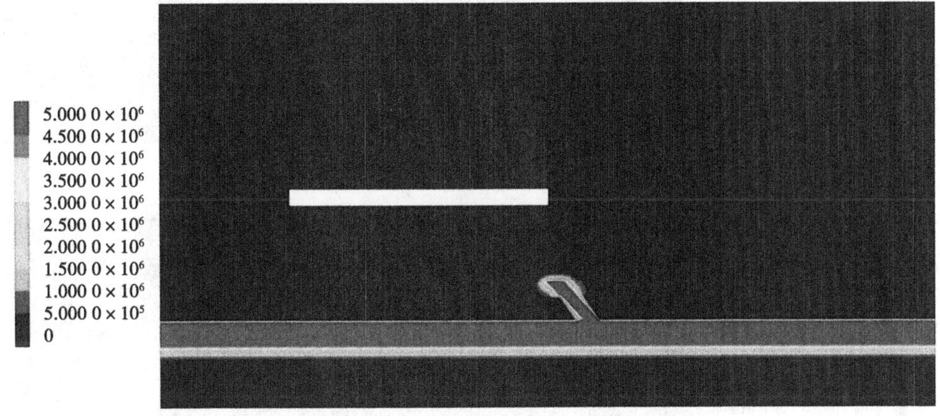

图 5-7　工作面推进 100 m 孔隙压力云图　(单位:Pa)

开采尺寸大小与工作面围岩的塑性破坏有着一定联系,随着煤层进一步开挖,煤层底板破坏区的范围和深度都有所增大。沿着断层延伸方向断层裂隙带处,塑性破坏区向上延伸发展。当在底板破坏岩层 X 型共轭破坏线断层尖端处时,在底板岩层破裂与递进导升协同作用下,塑性区向上扩展的速度急剧增加,进入强化导升阶段,如图 5-8 所示,煤层开挖 130 m 时塑性区最大塑性破坏深度约 20 m,断层受承压水影响突破原位张裂带,递进导升高度继续向上增加,受采动影响导升高度不断向上发展,断层尖端处裂隙扩展高度约为 7 m。同时底板采动破坏深度继续向下发展,断层裂隙处破坏从剪切塑性演变为拉张破坏,破裂带发生了上下剪切作用,使其破坏,加快断层的递进导升高度的增加速度,工作面推进 100~130 m 区间为强化导升阶段。如图 5-9 所示,开挖到 140 m 处,底板破坏导水带增大,递进导升高度继续上升,断层本身完全破坏,不具备阻水性能,底板的有效隔水层厚度由原来的 28 m 降低为 0 m,最大塑性破坏深度约 20 m,递进导升高度为 8 m,孔隙水压力在某个临界面归零形成渗流场的临时边界,并以隐伏断层为中心向四周扩散不断减小。递进导升高度塑性区渗入底板破坏塑性区域相互连通,最后形成底板突水通道,承压水沿突水通道裂隙进入采空区(见图 5-10)。工作面经过断层 20 m 后发生底板滞后突水,围岩破坏场与隐伏断层周边渗流场从原始的相对无联系状态,渐渐发展为相互联系,围岩塑性破坏场与渗流场渐渐耦合，塑性破坏区渗透系数急剧变化，渗流场边缘为不连续状态，塑性破坏区对其产生导向作用。工作面前方的塑性破坏场和断层附近渗流场两者逐渐对接，进而贯通，渐渐形成突水通道。工作面 130～140 m 推进区间为贯通阶段。断层的递进导升高度继续上升，大约达到 15 m，此时有效隔水层厚度特别薄弱，递进导升比较强烈，煤层底板破坏带塑性区与导升破坏形成的塑性区二者容易贯通，引起隐伏构造突水威胁也将更大。这与相似模拟结果相吻合。

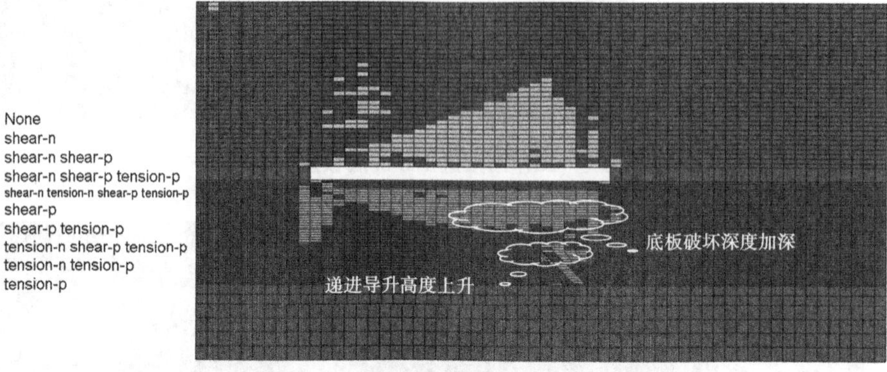

图 5-8　工作面推进 130 m 底板塑性破坏分布

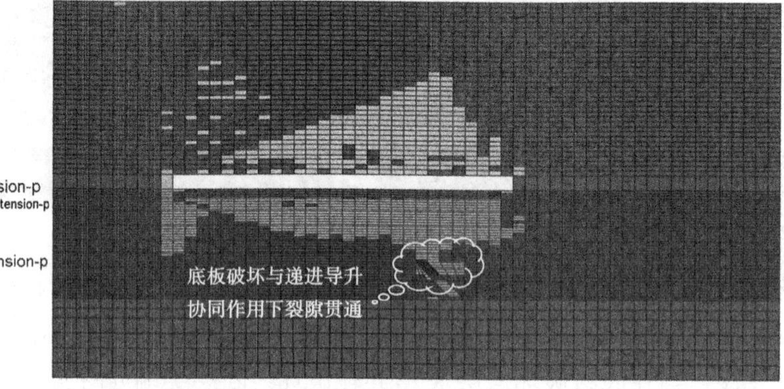

图 5-9　工作面推进 140 m 底板塑性破坏分布

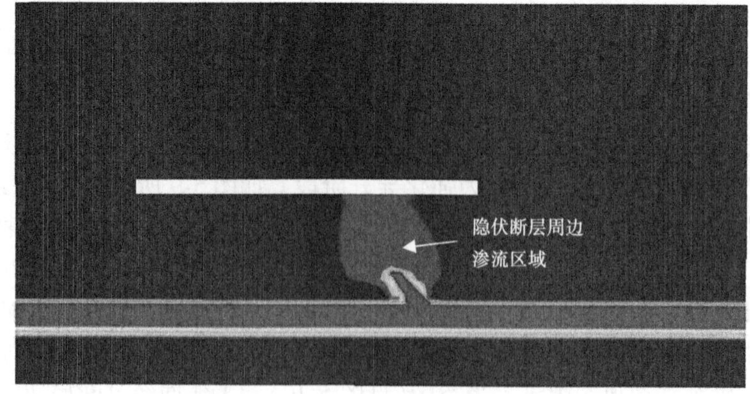

图 5-10　工作面推进 140 m 孔隙压力云图

如图 5-11 所示，从底板岩层破裂与递进导升协同突水的过程来看，受采动影响，煤层底板下方与底板承压含水层之间存在着“四带”，分别为自然导升带、递进导升带、有效隔离带和底板导水破坏带。煤层底板能否有效阻止含水层高压水的突出是能否在承压水上采煤的关键问题，最重要的是在采动应力影响下，底板的破坏深度与递进导升高度之和小于有效隔水层厚度。底板自然导升带与承压含水层底板破坏导水带两者逐渐对接，与承压含水层连通，之后承压水沿递进导升带进入底板导升带，使有效隔离带厚度减小转化为递进导升高度，导致递进导升带底板有效隔水层厚度减小。

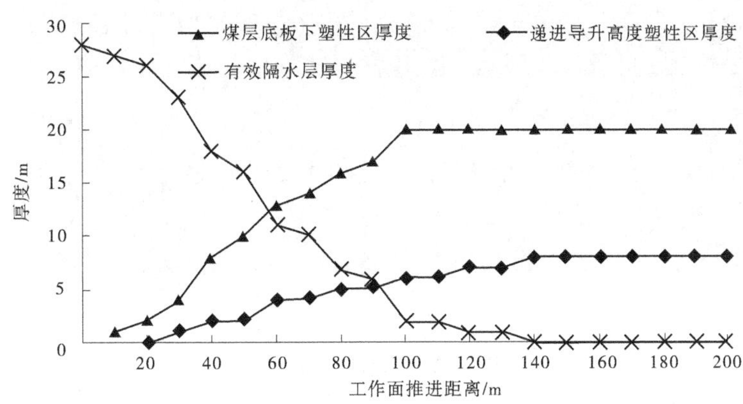

图 5-11　随工作面推进煤层底板下隔水层厚度转化关系

随着工作面继续推进，在采动与水压共同作用下，底板破坏导水带增大，递进导升高度继续上升，递进导升高度渗入底板破坏区域相互连通，在隐伏断层递进导升自下而上与底板采动裂隙自上而下协同扩展作用下，底板岩层破裂与递进导升协同影响，水压劈裂裂隙递进导升向上渐进发展，煤层底板岩体采动裂隙逐渐向下渐进发展，最后形成底板突水通道，承压水沿突水通道裂隙进入采空区，煤层底板突水事故发生。底板岩层破裂与递进导升协同突水过程可以总结为原位张裂的萌生形成自然导升带→与承压含水层贯通→递进导升带的发育→递进导升带与底板导水破坏带连通，即煤层底板在矿压和水压共同作用下，流固耦合条件下，工作面回采后底板岩层破裂与递进导升协同突水机制。

5.2.2　底板突水路径的应力场演化过程分析

底板裂隙扩展和递进导升渗流通道的形成主要受开采扰动、隐伏构造和承压水共同作用影响，开采扰动引起应力场变化，导致底板裂隙萌生和扩展，在高承压水作用下，隐伏断层递进导升自下而上强力冲扩，高度上升。随着煤层开挖后，卸压区在采空区形成，导致煤壁四周产生支承压力，应力集中出现在工作面两端。为了更好地分析底板岩层破裂与递进导升协同突水规律，分别在隐伏断层的上、下两部分各布置 2 个应力观测点，研究分析采动条件下断层活化时应力的变化情况，如图 5-12 所示。

从图 5-13 可以看出，隐伏断层受采动影响，断层底部与顶部应力差较大。煤层回采过断层之前，回采距离在 10~100 m 范围内，断层顶部与底部存在一定应力差。在此期间主要受掘进端集中应力影响，集中应力斜向下消散，煤层底板出现应力不均衡现象。当不

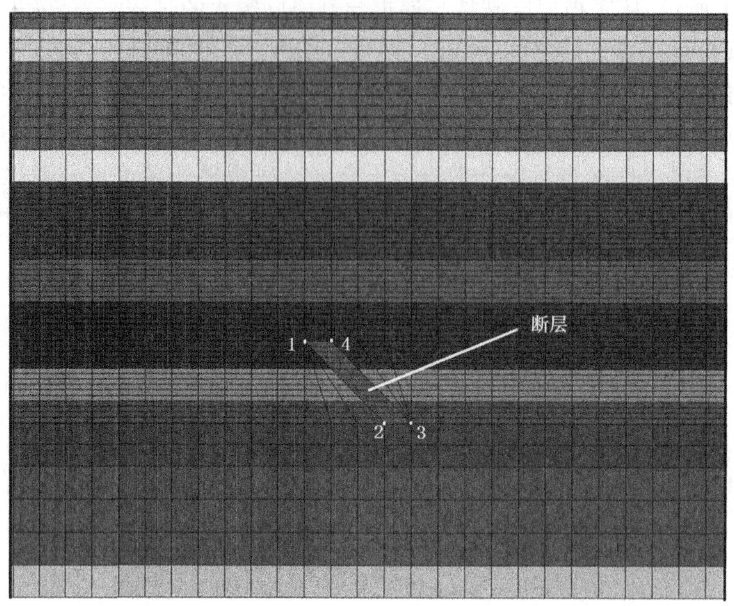

图 5-12　测点位置分布

均衡应力达到岩石破坏强度时,在裂隙尖端集聚能量,增加了应力强度因子,导致岩石自身破坏,递进导升高度上升,岩石裂隙尖端处出现应力集中→递进导升高度上升→裂隙尖端再次应力集中的循环过程,断层发生活化。

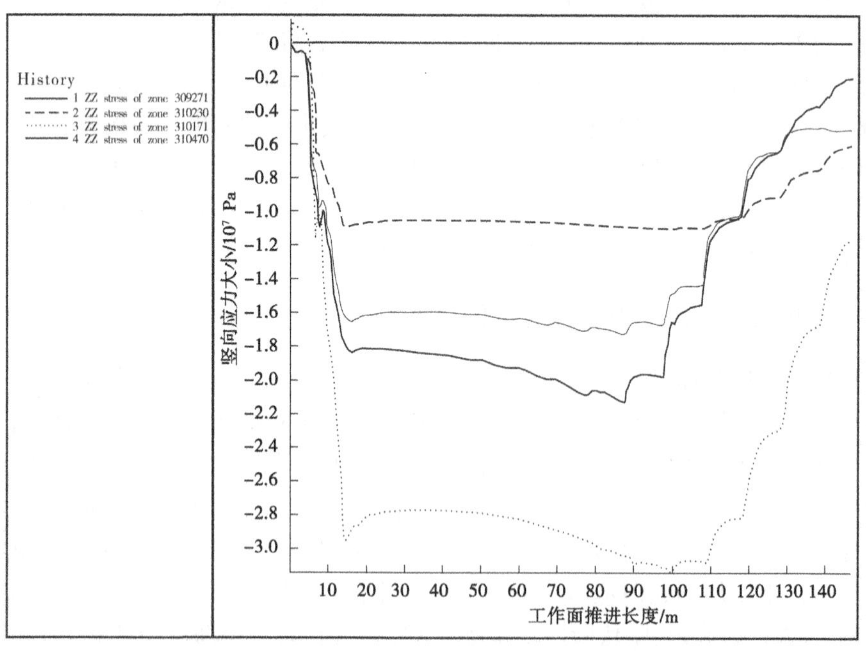

图 5-13　观测点位置竖向应力随回采距离变化

如图 5-14 所示，掘进端应力集中并斜向下消散，煤层底板出现卸压范围，卸压区未触及断层附近，断层顶部和底部出现应力集中现象。工作面开挖前，在煤层底板下作为特殊构造之一断层，在断层周围范围产生不同程度应力集中，周边原岩应力小于初始应力；随着工作面不断开挖，工作面围岩应力集中出现，从图 5-15 分析得出，工作面前方应力集中大于 15 MPa。

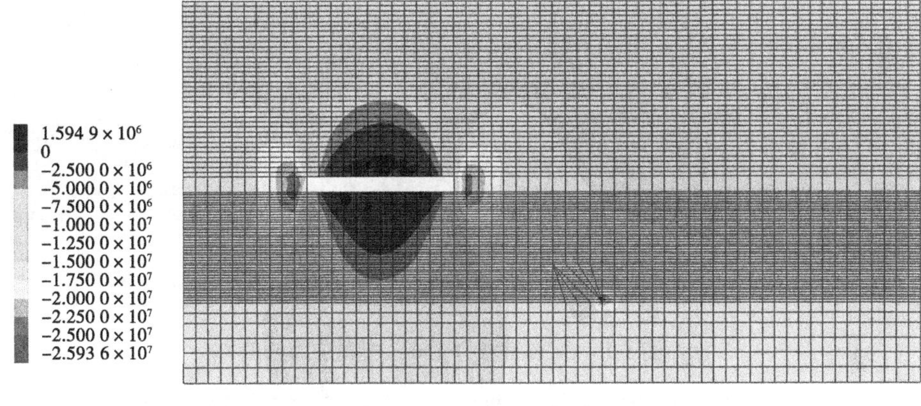

图 5-14 工作面推进 60 m 竖向应力云图 （单位:Pa）

当回采进入断层正上方附近时，回采距离约 100 m，断层附近受采掘前端集中应力影响开始向煤层底板卸压区转换，集中应力减小，如图 5-15 所示，此时断层顶部首先卸压，断层底部还有部分处于应力集中区，顶底部应力差达到 2.8 MPa(煤层开采 110 m 处)，隐伏断层处于递进导升加强阶段，断层破坏加剧。工作面端头应力与隐伏断层周边应力场渐渐开始相互联系。

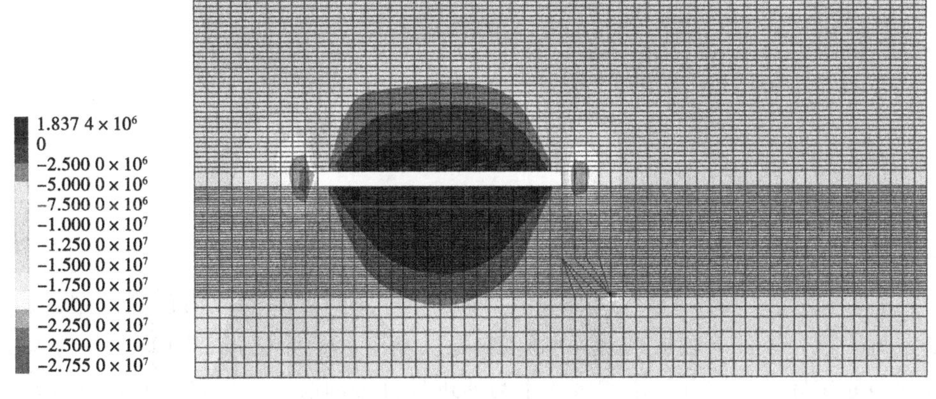

图 5-15 工作面推进 100 m 竖向应力云图 （单位:Pa）

当回采经过断层 30 m 后，工作面端头集中应力急剧减小，与断层上端部应力耦合在一起，工作面破坏范围扩大。断层整体进入采空区底板卸压区(见图 5-16 和图 5-17)，由于断层本身所具有的充水特性，断层内部的应力要高于围岩应力，断层主要受水压影响。此时的底板塑性破坏区随着卸压的发展也同步向下破坏。这一阶段煤层底板的阻隔水性能极差，随时可能发生突水事故。随着工作面推进，采动应力场与断层周边应力场两者逐渐相互靠近。在断层水压力和围岩应力场的耦合作用下,围岩发生塑性破坏、水压致裂和渗流等不同形式的耦合破坏。当回采至 140 m 处,底板卸压区域将断层包裹,断层内部水压显现,含水层水头沿着断层向上导升,底板破坏与递进导升协同作用使裂隙贯通。

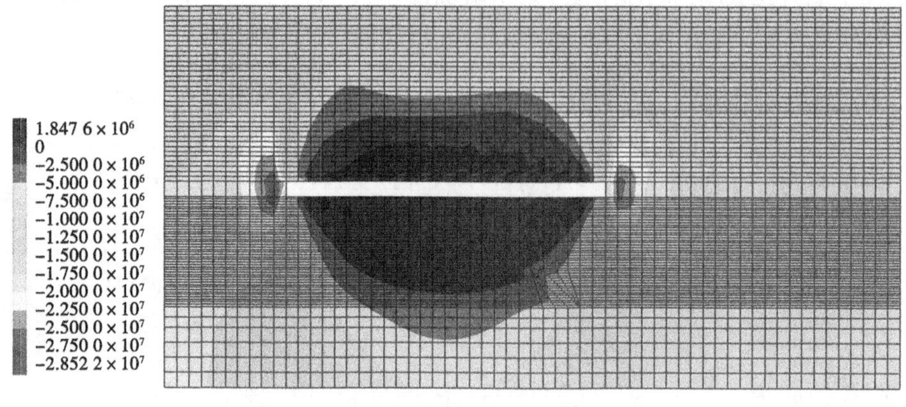

图 5-16　工作面推进 130 m 竖向应力云图

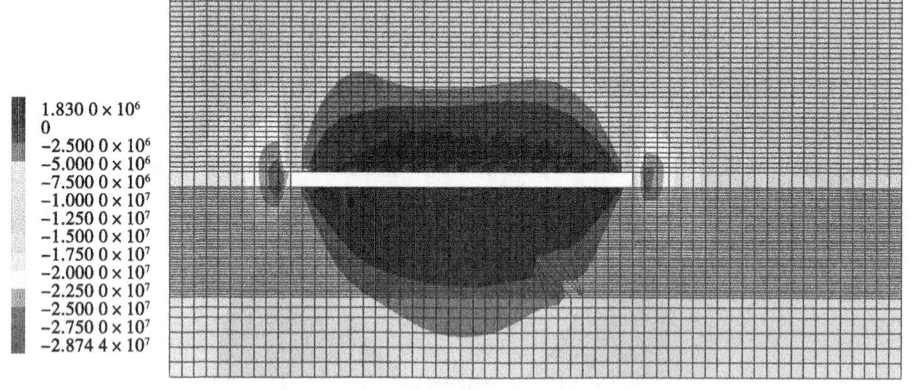

图 5-17　工作面推进 140 m 竖向应力云图

5.3　本章小结

(1)本章建立了隐伏断层底板破坏与递进导升协同突水的数值计算模型,揭示了隐伏断层流固耦合条件下底板采动突水机制,隐伏断层底板原位张裂隙产生→与承压含水层导通→原位导升带发育→采动破坏带与递进导升带沟通→底板岩层破裂与递进导升协同突水。

(2)随着工作面的开挖,在水岩耦合共同作用下,工作面前方围岩塑性破坏区不断前移,与断层周边的渗透区域不断接近。孔隙水压力在某个临界面变为零视为渗流场的临时边界,并由隐伏断层向四周扩散不断减小。

(3)对煤层底板隔水厚度进行了划分,从下到上的顺序依次为自然导升厚度、递进导升厚度、有效隔水层厚度和煤层底板破坏厚度。通过数值模拟,随着工作面推进开挖,在采动与水压共同作用下，底板破坏深度增大，递进导升高度上升，水压劈裂裂隙递进导升自下而上渐进发展，煤层底板岩体采动裂隙逐渐向下渐进发展，递进导升高度和煤层底板破坏厚度不断增加，而有效隔水层厚度减小，当有效隔水层厚度为0时，形成底板突水通道，承压水沿突水通道裂隙进入采空区，煤层底板突水事故发生。

(4)从底板岩层破裂与递进导升协同突水的过程来看，随着工作面推进，断层的递进导升程度不同，共经历四个阶段：自然导升阶段、递进导升阶段、强化导升阶段、贯通阶段，这与相似模拟结果相吻合。

(5)当回采至140 m处，回采已过断层正上方30 m左右后，煤层回采致使地应力重新分布，底板卸压区域将断层包裹，导致渗透性提高，水在隐伏断层内相互贯通，裂隙运动，导致裂隙内静水势能变成动能，对裂隙壁面产生冲刷和扩张作用，底板破坏与递进导升协同作用将裂隙贯通。这一过程具有一定时效性，随着含水层水头沿着断层持续向上导升，最终发生工作面断层滞后突水。

6 基于底板破坏与递进导升协同的突水危险性预测

随着矿井向深部的不断延伸，开采煤层所承受的岩溶含水层水压越来越高，尤其是华北地区煤层经常位于奥陶系灰岩水上方，底板突水的威胁愈发严重。在前3章中，我们已经对含隐伏断层底板在采动应力场和承压水作用下的底板破坏与递进导升协同的突水演化规律进行了深入讨论。为了将其融入底板突水的现场预警预报，需要结合现场监测手段来分析底板采动破坏的规律。很多专家学者提出了多种底板突水预测预报模型和方法，主要有突水系数法、脆弱性指数法及“下三带”法等。尝试性地提出了微震监测和底板破坏与递进导升协同突水相结合用于底板水害评价和突水预测的新方法，即以电法勘探和微震监测确定底板导升区（富水区），微震监测确定导水区的递进活动，富水区声发射集中区为导水递进发展区，或裂隙扩展区。再根据裂隙的扩展，以拟合的方法反求参数，然后正演模拟开采，以预测底板是否会发生导升高度与底板破坏深度对接，即协同作用突水。微震是观测导水递进扩展的重要指标。微震与数值模拟相结合是预测底板突水的可靠方法。因此，突水预测预报可以总结成如图6-1所示的流程。

由式（3-61）底板隔水层厚度 $M=H_0+\Delta H+H+H_1$，在矿压和水压共同作用影响下，隔水层厚度由四部分相互转化，递进导升高度增大，然而有效隔水层厚度降低，即 ΔH 高度增加，H 随之而降低。当 H 逐渐降低，趋近于0时，在底板破坏与递进导升协同作用下，承压水突破了底板破坏区域，底板发生突水，煤层底板与递进导升协同突水的判据可以表达为式（3-62），即 $H_0+\Delta H+H_1\geqslant M$，式（3-62）中底板隔水全厚由自然导升高度、递进导升高度和底板采动破坏深度组成。可用直流电法勘探或瞬变电磁勘探来探查灰岩水在底板的自然导升高度。对于底板破坏深度的确定，正常煤层底板岩层可通过试验、经验公式、数值模拟等方法近似获得。对于递进导升高度的确定，可以应用探测设备或推导断层到底板破坏区的最小安全距离。下面以焦作矿区赵固一矿16001工作面回采前底板突水危险性评价和义煤矿区新安煤矿发生突水后底板突水危险性验证，进一步说明煤层底板与递进导升协同突水危险性预测方法的合理性。

6.1 基于底板破坏与递进导升协同突水机制的监测

赵固一矿水文地质类型属于极复杂型，二$_1$煤层顶板为较薄基岩，顶板上覆冲积层；二$_1$煤层底板受高水压 L_8 灰岩影响，具有含水量大、补给强的特点。该矿是受底板水害和顶板冲积层水害双重作用影响的矿井。通过对矿井水文地质条件综合分析，矿井主要

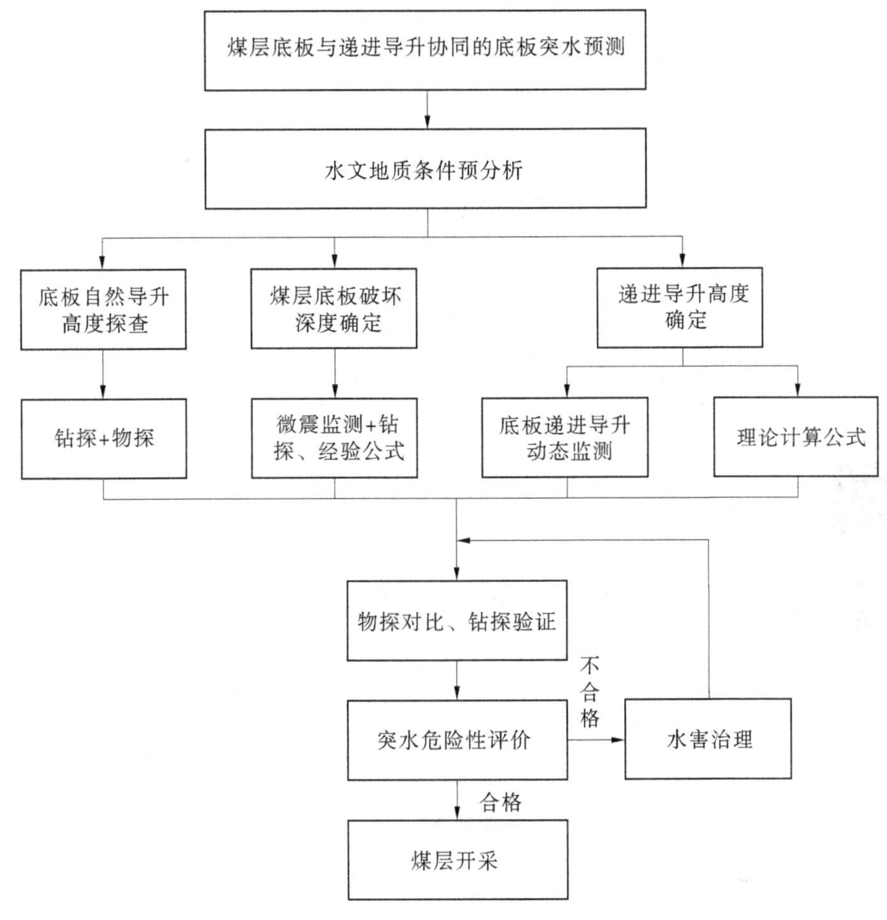

图 6-1 煤层底板与递进导升协同突水预测预报流程

涌水量由二$_1$煤层底板 L_8 灰岩水、冲积层底部砂砾层水、顶板砂岩水和矿井采掘施工用水等组成。水源大部分以二$_1$煤层底板 L_8 灰岩水为主,在地质构造相对发育区域,L_2、O_2 灰岩含水层将垂向补给 L_8 灰岩含水层。因此,在生产过程中要采取底板注浆加固防治的措施,保证矿井工作面安全回采。

6.1.1 16001 工作面概况

16001 工作面在矿井的-525 m 处,属于矿井北翼地区,二$_1$煤层为主开采煤层,该工作面为赵固一矿第一个采全高工作面。该工作面对应地面位置标高为+85.9~+87.1 m。该工作面井下位置及四邻采掘情况:东为已回采结束的 16011 工作面和实体煤,西为实体煤,南为北翼三条大巷保护煤柱,北为 F_{25} 断层所处的尖灭端,如图 6-2 所示。16001 回采工作面走向长 901.5 m,倾斜宽 205.5 m,面积为 185 258.25 m^2,资源储量 173.1 万 t,可采储量 161.0 万 t。开采时间为 2018 年 1 月,预计回采结束时间为 2019 年 1 月。根据 16011 工作面下顺槽及 16001 工作面探测的基岩厚度、地面勘探钻孔和三维地震资料显示:该工作面二$_1$ 煤层顶板基岩厚度为 50.0~73.7 m。

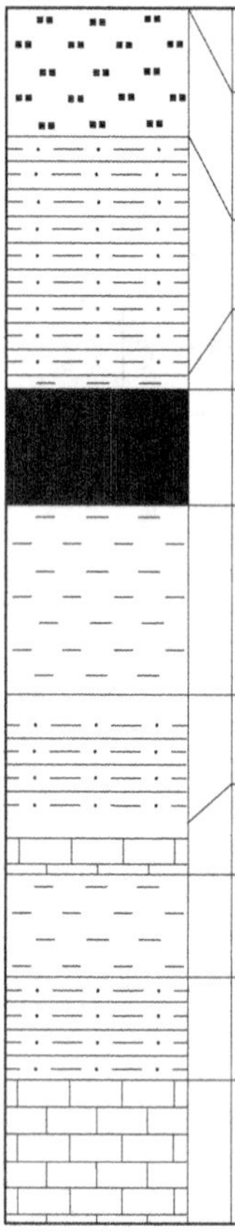

	层号	名称	深度	厚度	岩性	描述
	7		542.9	1.0—10.2 5.6	砂质泥岩	灰黑色,性脆
	8		550.1	2.1—12.3 7.2	中粒砂岩	灰色,成分以石英为主,次为长石、岩屑,分选中等,层面含炭质及少量云母片,菱铁质鲕粒,含泥岩
	9		563.6	5.3—21.7 13.5	砂质泥岩	深灰色,夹砂岩条带,层面含云母片
	10		564.4	0.2—1.4 0.8	泥岩	深灰色,块状,富含植物颈部化石,夹细煤线
	11	二$_1$煤	570.8	5.8—6.8 6.4	煤层	黑色,块状,以亮煤为主,似金属光泽,夹暗煤条带,参差状断口,为光亮型~半亮型煤
	12		583.5	10.5—14.2 12.7	粉砂岩	灰色,含植物根部化石,具水平层理,含云母片
	13	山西组底界	589.6	5.9—6.3 6.1	砂质泥岩	深灰色,致密、块状,含少量植物化石碎片,含黄铁矿晶体
	14	L_9	591.6	1.8—2.2 2.0	石灰岩	灰色遇稀酸起泡,含动物化石,含黄铁矿晶体,具不规则方解脉
	15		597.4	5.0—6.6 5.8	粉砂岩	浅灰色,具水平层理,含少量黄铁矿晶体
	16		603.3	5.6—6.2 5.9	砂质泥岩	深灰色,致密、块状,夹石灰岩薄层,含黄铁矿晶体
	17	L_8	611.3	6.0—10.0 8.0	石灰岩	灰色,隐晶质结构,遇稀盐酸起泡,含黄铁矿晶体及燧石结核,具方解石脉,含少量动植物化石

图 6-2 顶底板充水含水层相对位置示意 (单位:m)

赵固一矿分层开采工作面底板注浆改造加固深度位于 L_8 灰岩下垂距 36 m,16001 工作面为首个一次采全高工作面,底板破坏深度及注浆改造加固深度无法确定。16001 工作面底板含水层主要有 L_8、L_2 和 O_2 灰岩含水层。其中 L_2 和 O_2 灰岩含水层距离二$_1$ 煤层底板较远,正常情况下对二$_1$ 煤层没有影响,对矿井威胁较大的主要是断裂构造。16001 工作面主要充水水源为 L_8 灰岩水,L_8 灰岩平均厚度 8.0 m,L_8 灰岩与二$_1$ 煤层底板两者平均距离为 36 m,平均水压为 5.2 MPa,突水系数为 0.139~0.192 MPa/m,突水危险性存在,如图 6-3 所示。16001 工作面切眼向北 104~136 m 处存在 F_{25} 断层,其倾角为 60°~75°,落差为 15~25 m,一是该断层为三维地震断层,距离工作面切眼位置及断层落差不确定;二是在断层附近巷道上下各含水层导通性良好,补给条件充分,工作面回采受扰动影响,极易引发突水,因此需确定工作面切眼以外加固范围,合理留设断层防隔水煤柱。

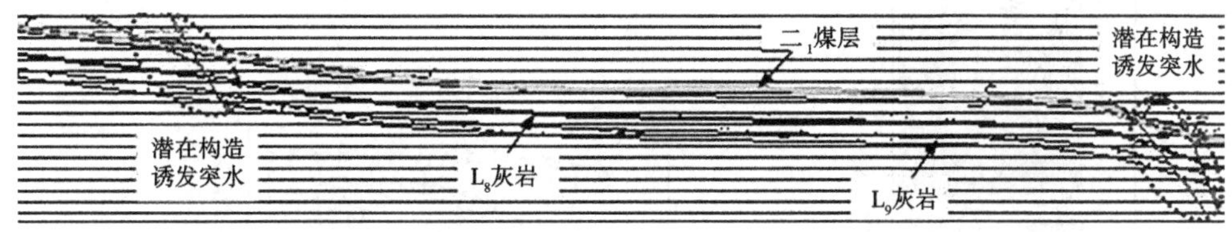

图 6-3 赵固一矿 16001 工作面上顺槽地质剖面

6.1.2 直流电法探查灰岩水在底板的自然导升高度

在煤层工作面小构造探测中,电磁法勘探、直流电阻率法、地震反射波勘探和地震层析成像等为比较常用的地球物理勘探方法。在不同领域应用不同地球物理勘探方法发挥不同作用。直流电法探测的原理是煤和岩层的导电性存在差异性,利用人工向地层供入稳定电流,通过分析大地电流场的分布规律,来确定岩、矿体富水性的分布规律和地质构造特征物。直流电法探测成果为视电阻率断面图,横坐标代表探测位置,纵坐标代表探测距离,等值线值为视电阻率值。

16001 工作面通过直流电法勘探查明了工作面二$_1$ 煤层顶、底板岩层的富水性,划分了目标岩层附近的相对贫、富水区域,分析了物探范围内工作面回采时的水患威胁性,为工作面水害防治工程提供了参考依据。总体上看,大部分物探成果较为准确,得到了钻探工程(低阻异常区附近钻孔的平均水量较大)的验证,少量受电流短路影响严重,区域的物探成果准确率偏低。这些低阻区可能系煤层底板下部岩层(尤其是 L_8 灰岩)相对破碎、裂隙发育或具有一定富水性引起,在工作面回采时,在附近区域有发生底板突水的可能,应加强钻探进行验证,对异常区域进行注浆加固改造。富水性较弱区段岩层的底板发生突水的可能性比较小。探测工程沿着 16001 工作面上下顺槽布置测点进行直流电法物探,共解释低阻异常区 4 个(其中上顺槽 1 个,下顺槽 3 个),低阻区附近不排除底板突水发生的可能性,成果见图 6-4。从煤层底板到奥灰 L_8 距离为 36 m。根据直流电法探查结果,在 16001 工作面下顺槽通尺 880 m 处存在 X_3 异常区,通过两次物探进行解释对比,X_3 异常区低阻特征显示,底板灰岩水自然导升高度大约为 8 m。本次解释的异常区深度为 8~48 m,针对 4 处异常区,共设计 13 个钻孔对其进行检验,并对部分钻孔进行了注水试验,试验结果显示,异常区不同深度的注水量变化,物探与钻探基本一致。

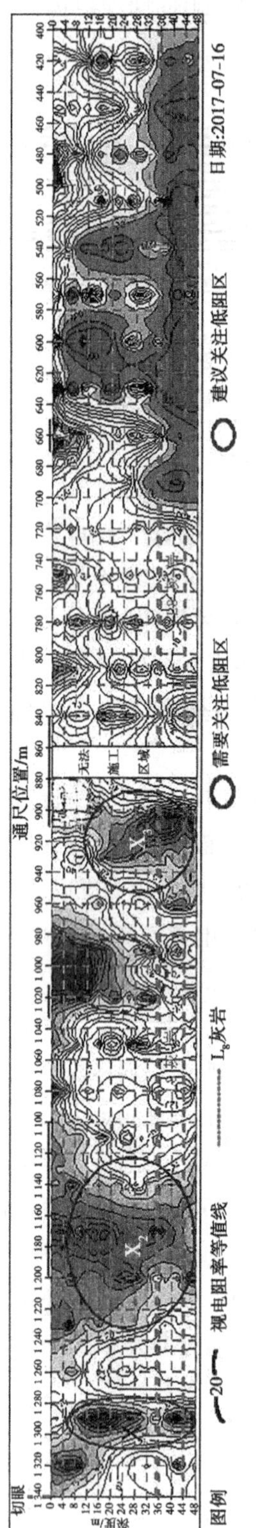

(a)赵固一矿16001工作面下顺槽直流电法勘探视电阻率断面

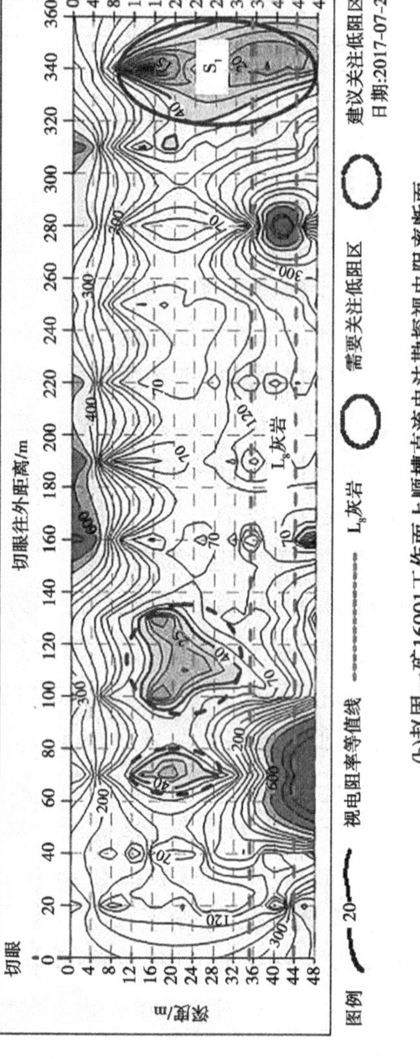

(b)赵固一矿16001工作面上顺槽直流电法勘探视电阻率断面

图 6-4 16001 工作面直流电法探查成果

6.1.3　底板裂隙发育程度及范围的微震监测研究

煤层底板突水是在采掘工程活动、构造应力、高压水等多种因素共同作用下，采场围岩应力场能量释放、隔水煤层岩体结构破坏的一种地下岩体失稳现象。导水通道的形成是围岩应力变化的过程，必然伴随裂隙扩展、岩体破裂等岩石力学现象，并引发微震事件。岩体在变形、破坏的过程中，会释放应力波形成微震事件，微震事件的发生预示着事件定位位置一定范围内极有可能发生围岩破坏，在此认为定位位置一定范围内形成裂隙，裂隙发育的状况可以通过微震系统接收到的事件频次和能量等指标进行研究，但单纯以微震事件指标进行预测围岩裂隙发育程度及范围不太直观。这里采用核密度分析方法对微震事件数据进行分析，以达到研究围岩裂隙发育状况的目的，研究的基础数据主要是微震事件的频次核密度和能量核密度。以赵固一矿 16001 工作面工程为背景，连续动态地监测、分析底板破裂微震事件，深入研究分析了监测范围内煤层底板的破裂演化和递进导升规律，为煤层底板破坏与递进导升协同的底板突水预测的应用提供科学的依据。

6.1.3.1　微震监测检波器安装位置

河南能源集团有限公司、焦煤公司和北京安科兴业科技股份有限公司共同开展“赵固一矿大采高工作面底板活动规律及突水预警研究”科研项目，微震监测系统在 2018 年 1 月进行安装，16001 工作面上下顺槽各布置 4 个检波器，即顶底板各两个。同巷各测点间距 100~120 m，截至 2018 年 11 月 16 日工作面共推进约 660 m，期间检波器共进行了 12 次移组，图 6-5 为检波器初装和目前的位置示意图。

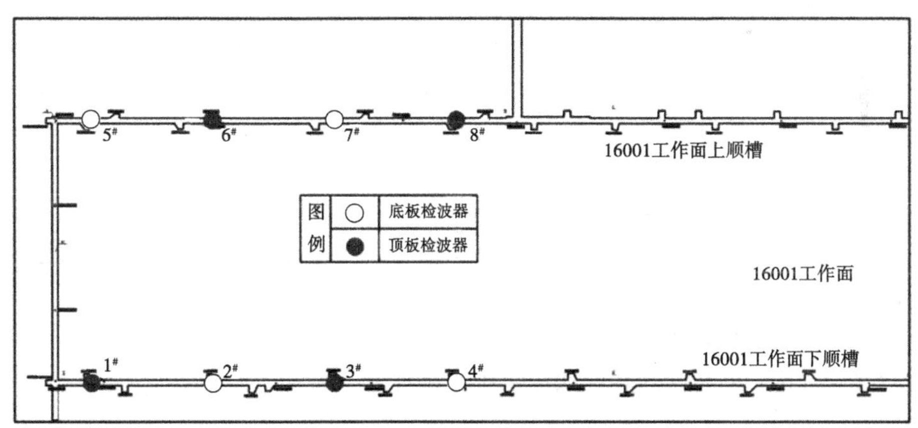

图 6-5　检波器位置示意图

6.1.3.2　微震监测底板破坏规律的结果分析

煤层底板突水是在采掘工程活动、构造应力、高压水等多种因素共同作用下，采场围岩应力能量释放、隔水煤层岩体结构破坏的一种地下岩体失稳现象。导水通道的形成是围岩应力变化的过程，必然伴随裂隙扩展、岩体破裂等岩石力学现象，并引发微震事件。微震监测技术通过采掘空间内的多组高灵敏度检波器捕捉突水通道形成过程中岩石破裂产生的微震动信号，来动态分析围岩的破裂程度和范围，以达到描述导水通道孕育、发展到最终失稳过程的目的。

1. 微震监测数据核密度剖面分析

2018 年 7 月，工作面的回采通尺为 350~420 m，开采所引发的微震事件中，85%集中在回采通尺 320~540 m 范围内，具体分布情况见表 6-1。采用 ArcGIS 软件对剖面进行核密度分析，将微震事件的分布区域按每个块段沿走向长度 20 m 进行划分，核密度计算时设定输出栅格的像元大小为 1 m×1 m，搜索半径为 20 m。根据平面云图研究结果，底板的破裂深度最大区域主要集中在 360~380 m、380~400 m、400~420 m 和 420~440 m 4 个块段，分别对 4 个块段频次核密度和能量核密度进行计算，根据划分尺寸的不同，暂认为频次核密度大于 0.004 个/m^2 或能量核密度大于 2 J/m^2 的区域内存在纵向裂隙连通情况。

表 6-1　7 月沿煤层倾向剖面各块段事件分布情况

分割块段/m	范围内事件数/个	占总事件比例/%	总能量/J	平均能量/J
320~340	98	3.14	67 048	684.2
340~360(回采区域)	117	3.75	62 088	530.7
360~380(回采区域)	177	5.67	88 517	500.1
380~400(回采区域)	279	8.94	126 775	454.4
400~420(回采区域)	287	9.20	108 271	377.3
420~440	330	10.58	101 992	309.1
440~460	382	12.24	107 907	282.5
460~480	288	9.23	74 986	260.4
480~500	332	10.64	78 288	235.8
500~520	165	5.26	35 014	212.2
520~540	147	4.71	33 941	230.9

1) 回采通尺 360~380 m 块段

图 6-6~图 6-8 为 360~380 m 块段范围内事件分布特征。

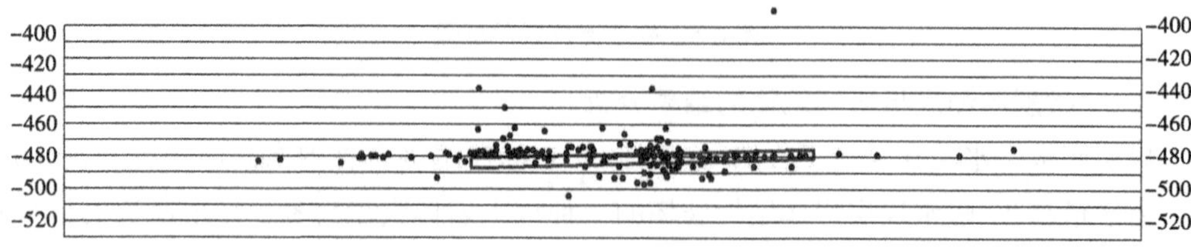

图 6-6　通尺 360~380 m 内微震事件分布　(单位:m)

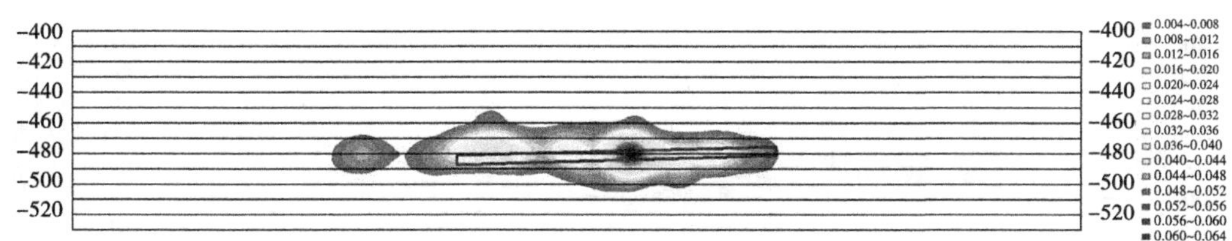

图 6-7　通尺 360~380 m 内频次核密度云图　(单位:m)

由图 6-6 和图 6-7 频次核密度云图可知,通尺 360~380 m 块段内底板最大破坏深度(裂隙连通状态)为 15 m 左右,主要位于工作面中部($50^{\#}$~$60^{\#}$支架)底板中,块段内频次核密度最大值为 0.064 个/m^2,位于工作面中部($55^{\#}$支架左右)的煤层中;从图 6-8 的能量核密度云图可知,底板纵向连通裂隙的最大深度及位置与频次核密度分析结果基本相同,能量密度最大值为 30 J/m^2,位于工作面中部($55^{\#}$支架左右)煤层中和工作面下部($15^{\#}$支架左右)的直接顶中。由于此块段位于回采区域的后方(采空区),推测工作面回采时采空区顶底板围岩活动仍处于活跃状态,通过分析采空区底板微震事件,对隔水层进行评估,防止工作面滞后突水。

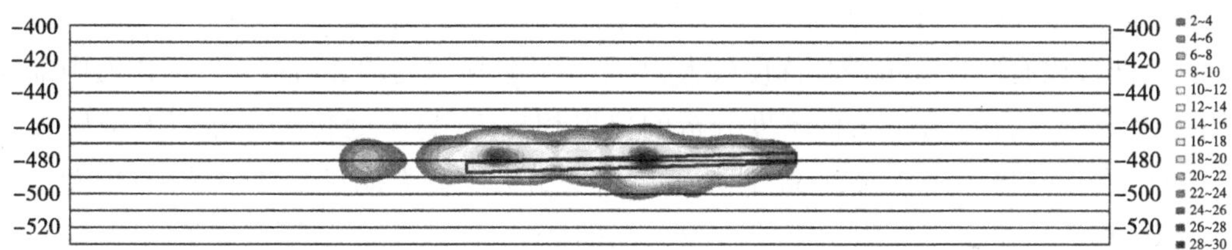

图 6-8　通尺 360~380 m 内能量核密度云图　(单位:m)

2) 回采通尺 380~400 m 块段

图 6-9~图 6-11 为 380~400 m 块段范围内事件分布特征。

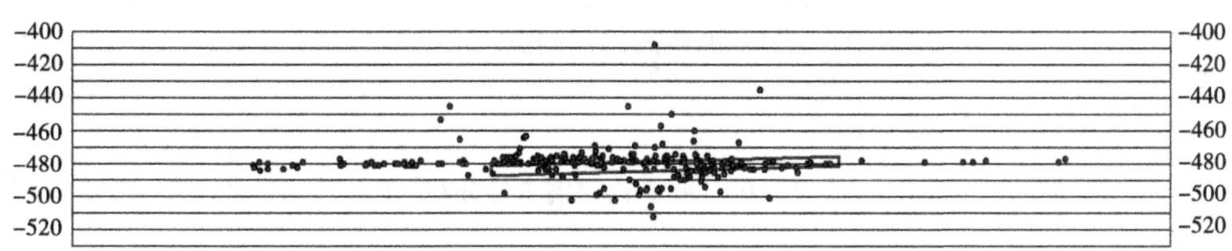

图 6-9　通尺 380~400 m 内微震事件分布　(单位:m)

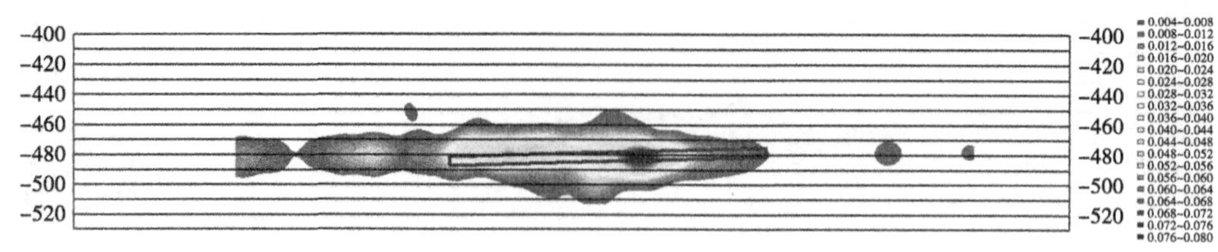

图 6-10　通尺 380 ~ 400 m 内频次核密度云图　（单位：m）

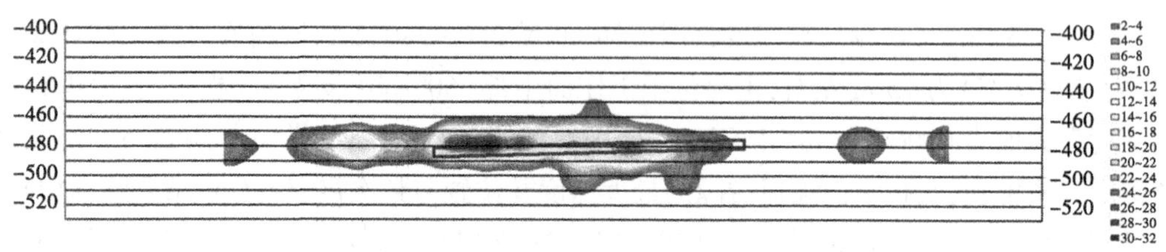

图 6-11　通尺 380 ~ 400 m 内能量核密度云图　（单位：m）

由图 6-10 频次核密度分析结果可知，通尺 380 ~ 400 m 块段内底板破坏深度（裂隙连通）达到 25 m 左右，位置在工作面中部底板中（45# 支架左右），整个块段内频次核密度最大值为 0.08 个/m^2，位于工作面中部（65# 支架左右）煤层中；由图 6-11 能量核密度分析结果可知，块段内有两处底板破坏深度较大，其中一处破坏深度约 25 m，位于工作面中部底板中（45# 支架左右），与频次核密度分析的位置相接近，另一处位于工作面上部底板中（90# 支架左右），破坏深度约 30 m，此处破坏主要由极少数大能量事件主导（有可能存在底板隐伏构造），是生产过程中需要重点关注的区域，块段中能量核密度值最大值为 32 J/m^2，位于工作面中下部（10# ~ 35# 支架）的直接顶中。

3）回采通尺 400 ~ 420 m 块段

图 6-12 ~ 图 6-14 为 400 ~ 420 m 块段范围内事件分布特征。

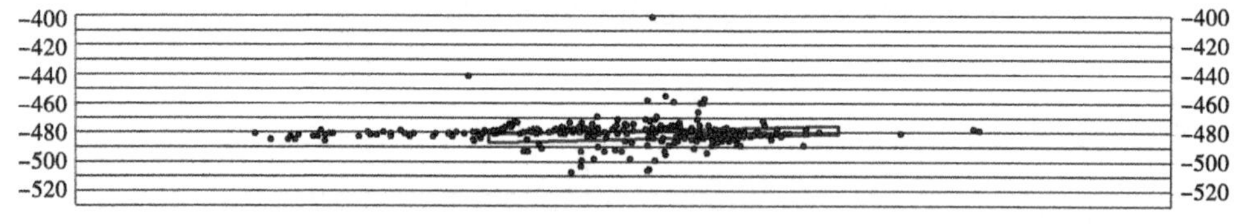

图 6-12　通尺 400 ~ 420 m 内微震事件分布　（单位：m）

由图 6-13 频次核密度分析结果可知，通尺 400 ~ 420 m 块段内底板破坏深度最大约为 25 m，位置在工作面中部底板中（50# 支架左右），整个块段内频次核密度最大值为 0.08 个/m^2，位于工作面中上部（65# 支架左右）煤层中；由图 6-15 能量核密度分析结果可知，块段内底板破坏深度最大约为 25 m，位置与频次核密度分析的位置基本一致，区段内能量核密度最大值为 28 J/m^2，主要位于工作面下端头直接顶板内、工作面中下部（35# 支架左右）直接顶板内和工作面中上部（70# 支架左右）煤体内。

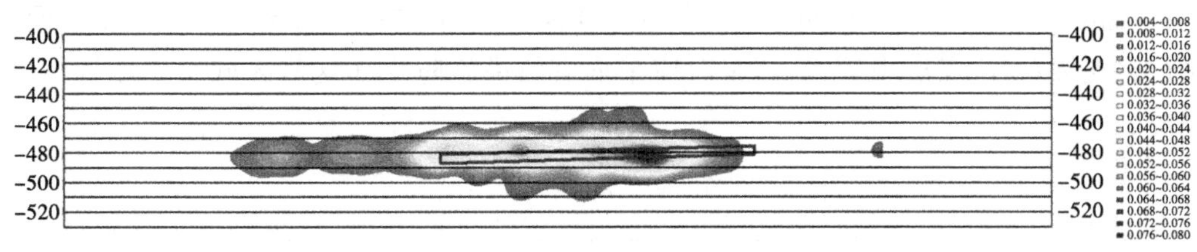

图 6-13　**通尺 400~420 m 内频次核密度云图**　(单位:m)

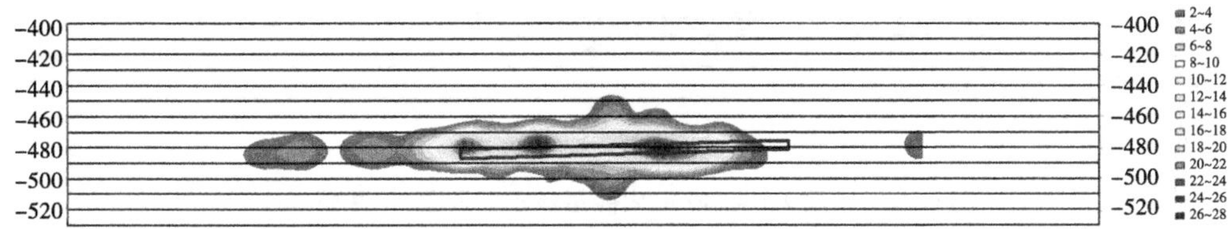

图 6-14　**通尺 400~420 m 内能量核密度云图**　(单位:m)

4) 回采通尺 420~440 m 块段

图 6-15、图 6-16 为 420~440 m 块段范围内事件分布特征。

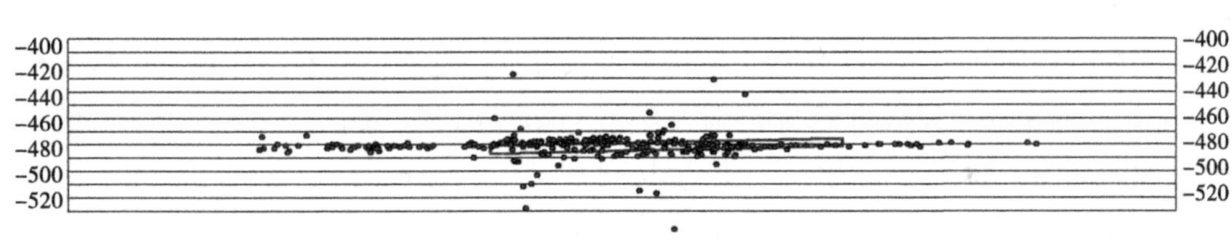

图 6-15　**通尺 420~440 m 内微震事件分布**　(单位:m)

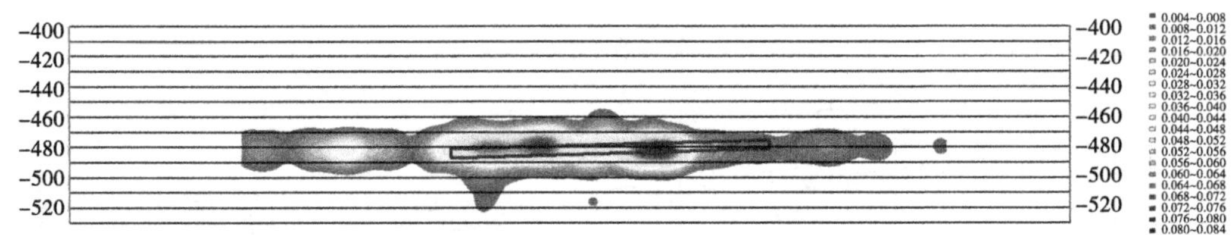

图 6-16　**通尺 420~440 m 内频次核密度云图**　(单位:m)

通尺 420~440 m 块段处于 7 月回采区域的超前段,由图 6-16 频次核密度分析结果可知,底板的破坏深度约为 28 m,位于工作面下部(10#支架左右)底板中,回采此区域时应重点关注现场涌水量;由图 6-17 能量核密度分析结果可知,底板破坏深度在 20 m 以下。由于顶板裂隙发育比底板破坏数值要大,底板的能量核密度比顶板能量核密度煤层顶板的破坏相对要强。频次和能量核密度值在工作面中下部（$5^{\#}$ ~ $20^{\#}$支架）顶板中、工作面中部（$55^{\#}$支架左右）煤层中较大，回采时应采取有效措施防止在这些区域出现片帮、冒顶情况。

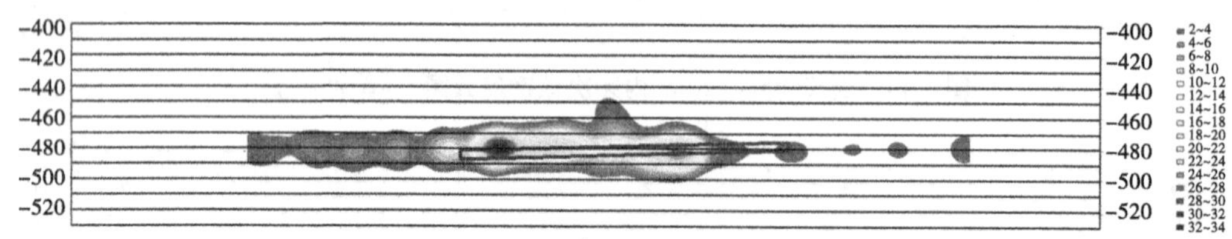

图 6-17　通尺 420 ~ 440 m 内能量核密度云图　（单位：m）

2. 工作面含断层区域微震事件分布规律

含断层区域作为一种地质缺陷体，在采动和水压双重影响下部分断层出现活化情况，导致矿井突水等灾害的发生。微震技术通过捕捉断层活化过程中产生的微破裂信号，在分析微震事件时空分布特征以及能量密度等指标分布规律的基础上，确定断层的活化程度及范围。以下对赵固一矿 16001 工作面（含断层区域）进行具体分析。

1）16001 工作面含断层区域概况

根据在掘进期间 16001 工作面上顺槽现场实际揭露地质资料和三维地震资料分析可知，该工作面回采通尺 100 ~ 180 m 范围内存在 3 条断层（D_{191}、D_{193}、D_{194}），3 条断层的预想延伸剖面图如图 6-18 所示，预测 3 条断层均有切割煤层底板与 L_8 灰岩之间隔水层的可能，且 3 条断层在隔水层中交汇，断层影响区域由线向面扩展。3 条断层的具体参数如表 6-2 所示。

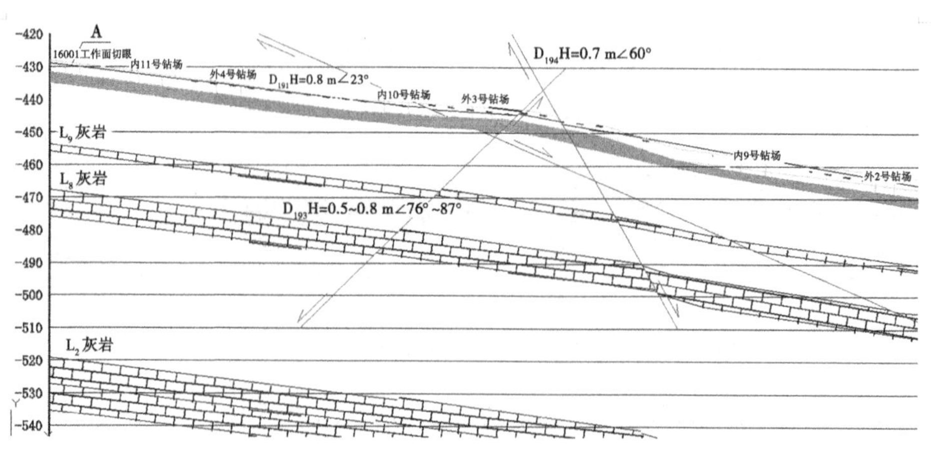

图 6-18　16001 工作面含断层块段剖面图　（单位：m）

表 6-2 16001 工作面内断层的具体参数

序号	构造名称	走向/(°)	倾向/(°)	倾角/(°)	性质	落差/m	对回采影响程度
1	D_{191}	235	145	23	正断层	0.8	影响较小
2	D_{193}	139	49	76~87	正断层	0.5~0.8	影响较小
3	D_{194}	235	145	60	正断层	0.7	影响较小

2)含断层区域底板微震事件分布规律

针对煤层与主要充水含水层(L_8)之间的隔水层,选取回采通尺 100~185 m 工作面上顺槽以下 30 m 范围,对定位在块体内的微震事件进行分析,结果如图 6-19、图 6-20 所示。

根据含断层区域微震事件分布演化特征以及断层的活化程度可以看出,断层的活化程度分为 4 个阶段:采动影响前阶段、受采动影响初期阶段、断层活化阶段和断层活化渐灭阶段。微震监测、理论分析、相似模拟和数值模拟底板岩层破坏与递进导升协同突水过程结果,证实了递进导升的存在和底板破坏与递进导升协同突水机制的合理性。最终认为:赵固一矿 16001 工作面上顺槽揭露的 D_{193}、D_{191}、D_{194} 断层未经历剧烈活化阶段,表明断层在采动影响下未出现全范围的活化,断层附近围岩整体性较好。

3. 直流电法 X_3 异常区微震监测数据分析

根据直流电法探测结果,在 16001 工作面下顺槽通尺 880 m 处 X_3 异常区,每推进 20 m 进行一次直流电法物探,并进行解释,共 3 次物探。第一次当工作面推进到通尺 880 m 处时,X_3 异常区测得低阻区灰岩水底板自然导升高度大约为 8 m;第二次当工作面推进到通尺 900 m 处时,X_3 异常区递进导升高度大约为 10 m;第三次当工作面推进到通尺 920 m 处时,X_3 异常区递进导升高度大约为 14 m。随着工作面从通尺 880 m 到 920 m 推进,微震监测试验记录了煤层底板岩体破裂信号。3 次直流电法测得的递进导升高度对应的沿工作面走向分布煤层底板隔水层破裂微震事件见图 6-21,图 6-21 中标出隐伏断层异常区所在位置,从左向右进行工作面推进。

从图 6-21 可以看出:

(1)当工作面推进到通尺 880 m 处时,隐伏断层自然导升高度为 8 m,煤层底板破坏最大深度约为 10 m。底板直接破坏带和断层带岩体微震事件在底板浅部区域分布较为密集,而越往深处微震事件分布越稀疏。

(2)当工作面推进到通尺 900 m 处时,隐伏断层递进导升高度为 2 m,X_3 异常区高度为 10 m,工作面刚推过隐伏断层后,隐伏断层带岩体开始发生活化,这主要表现在断层带岩体新增许多微震事件且数量最多,增加了断层活化深度的最明显证据。煤层底板破坏最大深度约为 16 m,比正常情况下的底板破坏深度增加了将近 6 m。

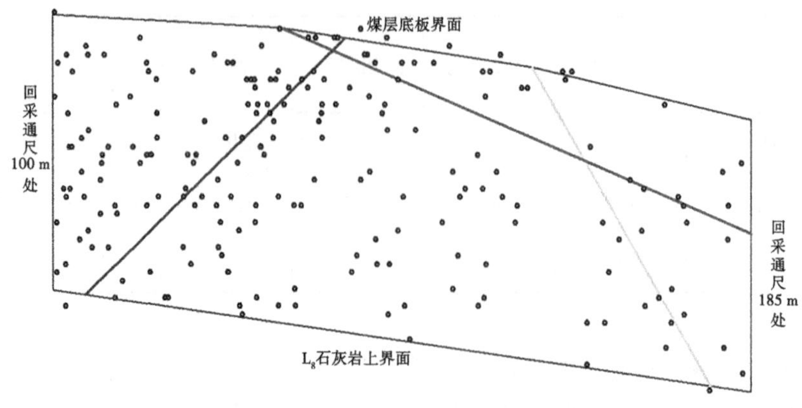

(a)回采通尺85 m时(3月16日)

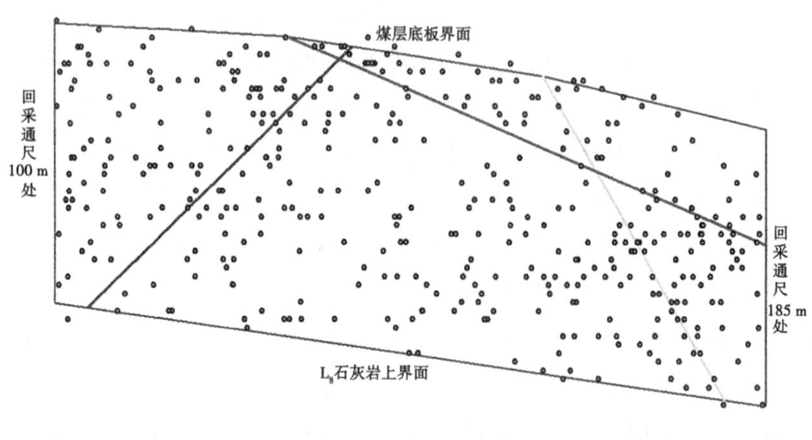

(b)回采通尺140 m时(4月20日)

图 6-19　区域内累计微震事件分布演化过程

(3)第三次当工作面推进到通尺 920 m 处时,隐伏断层递进导升高度为 6 m,X_3 异常区高度为 14 m,递进导升进入强化导升阶段,断层面两侧岩体受覆岩峰值应力和采空区岩体卸载双重影响,断层出现活化比较严重。通过本次微震监测可知,采动造成的底板直接破坏深度为 18 m,底板采动破坏带与奥灰含水层之间还存在厚度为 4 m 的有效隔水层,煤层底板存在突水的危险性。底板隐伏断层附近区域是重点的“防突”区域,为保证煤矿安全回采,在异常区布置钻孔进行注浆加固,如图 6-22 所示。

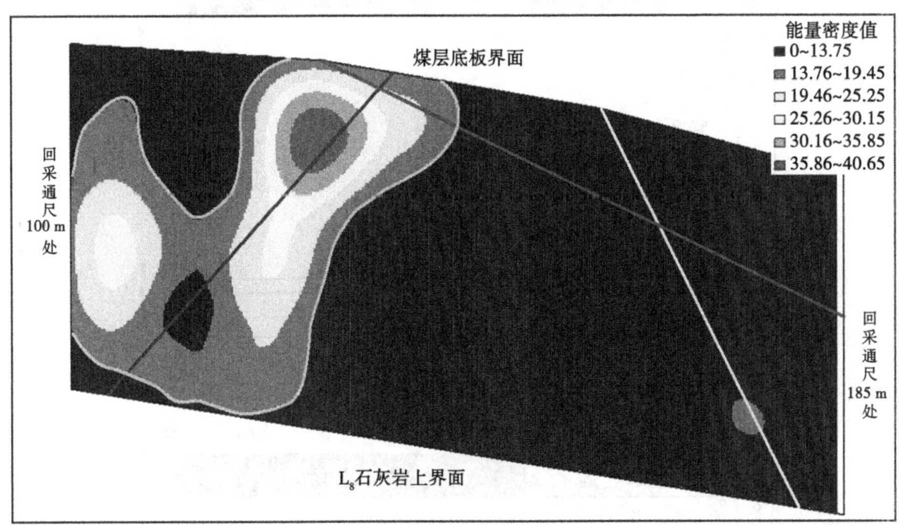

（a）回采通尺85 m时（3月16日）

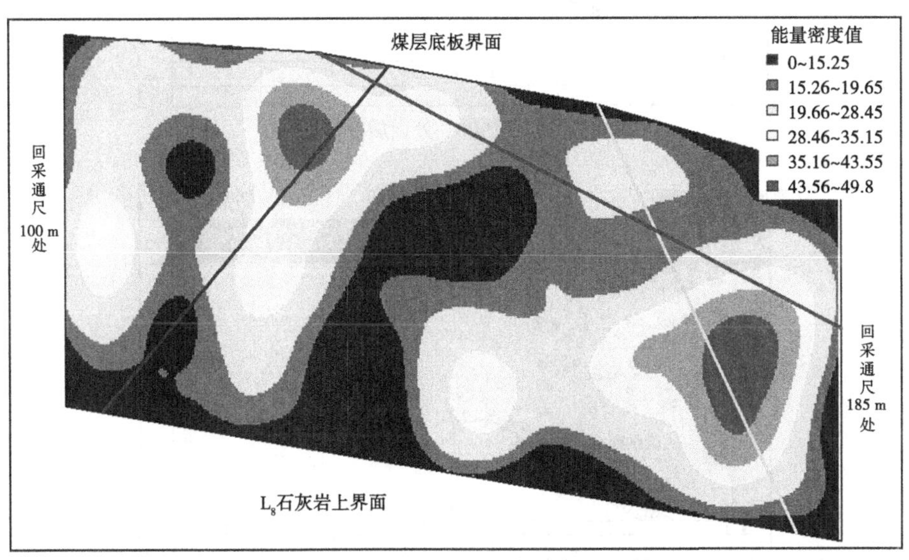

（b）回采通尺140 m时（4月20日）

图 6-20 区域内微震能量密度云图演化过程

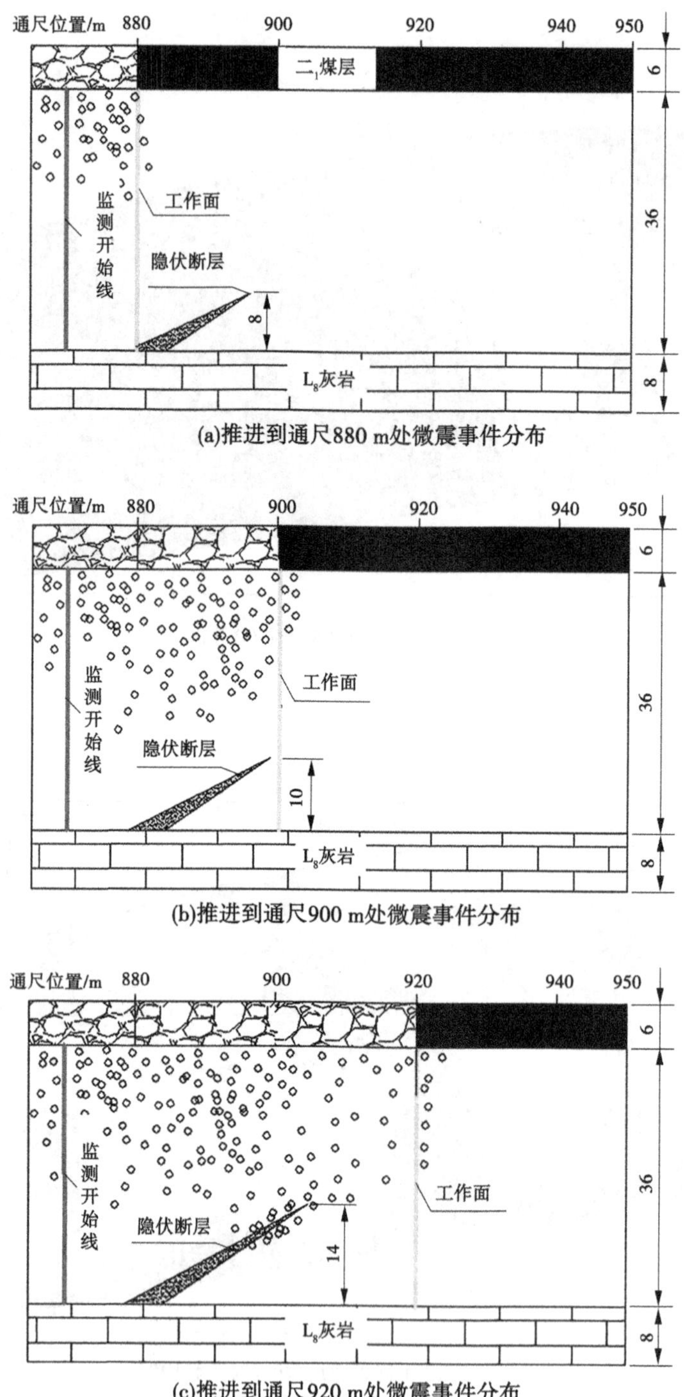

(a)推进到通尺880 m处微震事件分布

(b)推进到通尺900 m处微震事件分布

(c)推进到通尺920 m处微震事件分布

图 6-21 煤层底板隔水层破裂微震事件沿工作面走向分布的剖面投影图

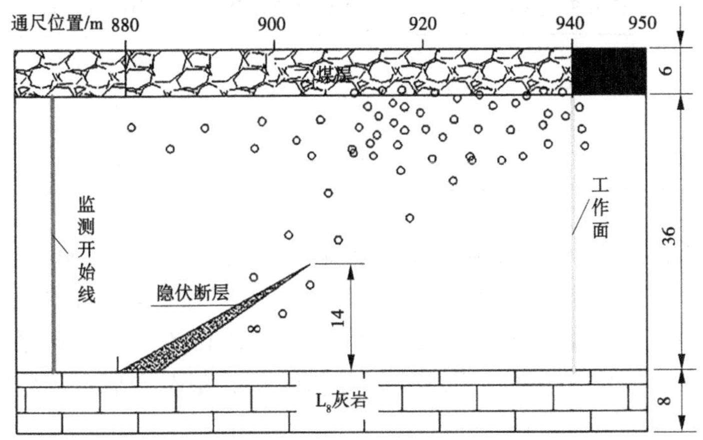

(d)推进到通尺940 m处微震事件分布

续图 6-21

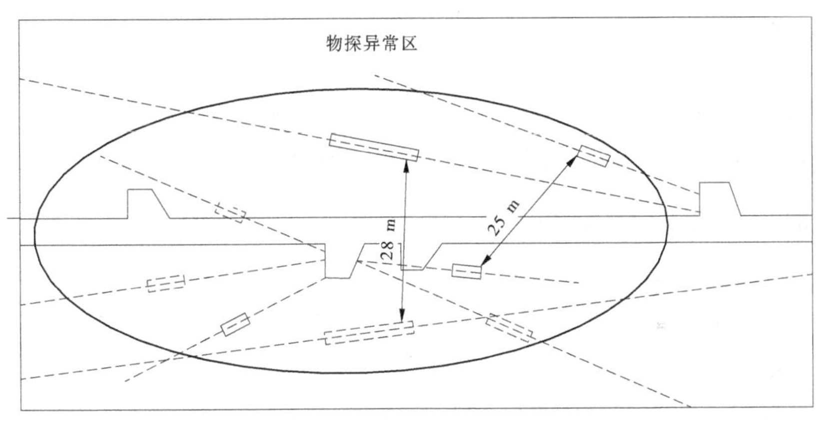

图 6-22 16001 工作面物探异常区钻孔布置

(4)对物探异常区进行注浆加固后,隐伏断层向上递进导升升高终止,当工作面推进到通尺 940 m 时,工作面低阻异常区消失,煤层底板岩体破裂信号微震事件变少,如图 6-21(d)所示,避免了煤层底板突水事故的发生。

6.1.4 基于统计公式的底板破坏深度的确定

赵固一矿 16001 工作面所采煤层为近水平煤层,煤层倾角为 6°左右,工作面倾向长度为 205 m。7 月 11 日工作面已回采 375 m,采空区上下两侧为未采实体煤区域。由于现场实际工作面斜长小于回采距离,可推测沿工作面倾向计算的底板破坏深度小于沿工作面走向的值。根据现场情况以及前期的煤岩体测试结果,此次计算以沿煤层走向底板破坏深度为主。根据现场情况以及前期的煤岩体测试结果,将表 6-3 中数据代入式(3-59)。

表 6-3　赵固一矿 16001 一次采全高工作面的底板破坏深度

α/(°)	γ/(kN/m^3)	K	H/m	P/MPa	φ_0/(°)	C/MPa	λ	M/m
6	25	1.3	540	5.2	32	2.0	1.4	5.5

经计算可知,赵固一矿 16001 一次采全高工作面的底板破坏深度为 17.8 m。

中国矿业大学(北京)许延春教授在收集了 21 个埋深在 400 m 以下的工作面地质资料和底板破坏深度的实测资料并对其进行分析的基础上,对底板破坏深度公式重新进行了详细推导,针对底板含断层、一次采全高等现场实际情况,对底板破坏深度统计公式进行修正。统计公式为:

$$h = 0.0175H + 0.1463\alpha + 0.0508L + 3.3817M - 7.6695 \tag{6-1}$$

式中　L——工作面的斜长,m;

H——煤层埋深,m;

α——煤层倾角(°);

M——采高,m。

把 16001 工作面的具体参数代入式(6-1),求出底板破坏深度为 31.67 m,底板的微震监测破坏深度约为 28.0 m。最终确定两者最大值为底板最大破坏深度 31.2 m。

6.1.5　底板突水危险性评价

目前,对 16001 工作面底板突水威胁最大的是 L_8 灰岩含水层,运用不同方法对 L_8 灰岩含水层突水可能性做出评价。

6.1.5.1　突水系数法

突水系数 T_s 指的是单位隔水层所能承受的极限水压值。由式(1-1)可得,用突水系数评价底板稳定性的关键在于确定临界突水系数 T_s,当 $T<T_s$ 时,突水可能性小,底板比较稳定;当 $T>T_s$ 时,突水可能性大,底板不稳定。

底板 L_8 灰岩水是 16001 工作面主要充水水源,其平均厚 8.0 m,具有富水性较强和局部岩溶发育特点,L_8 灰岩与二$_1$ 煤层底板平均距离为 36 m,水压 5.0~5.3 MPa,突水系数 0.13~0.17 MPa/m,大于突水临界值 0.01 MPa/m,在工作面回采时,底板突水可能性极大,因此应加强钻探进行验证,对异常区域进行注浆加固和 L_8 灰岩含水层改造。

6.1.5.2　底板破坏与递进导升协同突水法

由判据式(3-62) 式可知,赵固一矿 16001 工作面底板隔水层总厚度 M 为 36 m,承压水自然导升高度 H_0 为 8 m,隐伏断层递进导升高度为 6 m,底板最大破坏深度 28.0 m,$H_0+\Delta H+H_1>M$,在底板岩层破裂与递进导升协同作用下,导致底板破坏导水带增大,自然递进导升高度渗入底板破坏区域相互连通后形成底板突水通道,承压水沿突水通道裂隙进入采空区,煤层底板突水事故发生。因此,煤层底板必须采取注浆加固防治水措施。如开采前工作面底板不采取注浆加固,利用上述两种方法计算后,都存在突水危险性。因此,16001 工作面回采前煤层底板必须采取注浆加固防治水措施。

6.2 底板突水危险性预测验证

6.2.1 工程概况

河南省新安县境内的新安煤矿生产能力150万t/a,主要开采二叠系山西组$二_1$煤层,于1988年12月投产。该矿奥陶系灰岩承压裂隙岩溶含水层富水性强且极不均匀,距煤层约50 m。1995年掘进工作面时曾发生特大型滞后突水,导致淹井事故。奥灰水防治是该矿防治水工作重点,虽然奥灰含水层大部分区域富水性弱,不构成安全威胁,但突水风险主要集中在富水(径流)条带。矿井主要采取区段注浆改造奥灰富水(径流)带进行防治。由于新安井田部分区域被小浪底水库淹没,对奥灰含水层起到一定的补给。矿井水文地质类型属极复杂型,涌水量700~900 m^3/h。

13151工作面煤层倾角约10°,倾斜长度145 m,走向长度560 m,平均厚度2.5 m。该工作面底板为平均厚度仅45.7 m的较薄隔水层(见图6-23),需承受约3.0 MPa的奥灰水压。工作面开采前综合采用直流电法、瞬变电磁法、槽波地震勘探和无线电波坑透等物探手段,并对预测突水危险区进行钻探验证和注浆加固。2011年11月,当工作面推进至207 m时,瞬变电磁探测发现异常区,因该矿在小浪底水库水位设定影响警戒线,停采40余d。当工作面谋划恢复生产时,又进行注浆效果瞬变电磁复测,发现异常区仍然存在,没有消除,但未及时进行钻探验证和注浆加固,最终导致底板突水事故发生。

6.2.2 突水简述

突水时间为2012年1月16日7时,距临时停采线5 ~ 8 m的11#钻场,距原切眼215 m,右上方出水,50 m^3/h涌水量。当天8时,涌水量逐渐增加到150 m^3/h。长约5 m的喇叭形洞穴出现在11#钻场煤墙顺煤层、沿切眼方向,从底板涌出浑浊含泥沙水。当天16时,涌水量逐渐增加到371 m^3/h,喇叭形洞穴范围逐渐延伸增大,洞口高约1.3 m、宽约3 m。到20时,洞穴高和宽又增大,底板涌出大量水。到17日,涌水量400 m^3/h,水样浑浊。到20日时,涌水量700 m^3/h,水样浑浊。

6.2.3 突水水源与导水通道

突水水源是奥陶系灰岩水,依据如下:

(1)距离突水点490 m的奥灰水文孔水位累计下降50 m;堵水结束后水文孔水位恢复正常。

(2)现场看到水从煤层底板涌出,涌水量最大达到700 m^3/h。新安煤田底板含水层只有奥灰含水层有如此大的出水能力。

(3)水质类型为HCO_3-Ca·Mg型,经比对,表现为明显的奥灰水特征。

突水初期,现场看到主突水点沿同一方向朝煤墙内部延伸。结合井上下堵水钻孔揭露情况分析,突水通道应为在原岩应力、水压、矿压等综合作用下薄弱底板隔水层被突破而形成的压裂式的非单一导水通道。

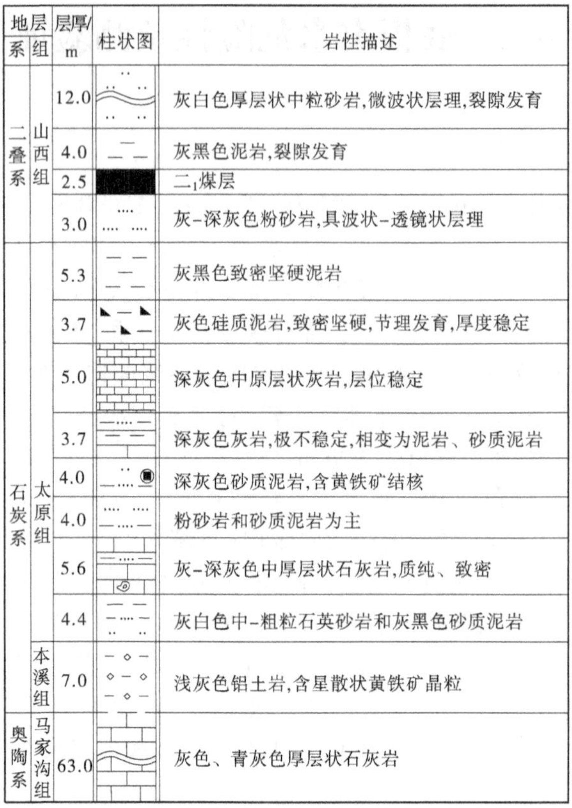

地层 系	地层 组	层厚/m	柱状图	岩性描述
二叠系	山西组	12.0		灰白色厚层状中粒砂岩,微波状层理,裂隙发育
		4.0		灰黑色泥岩,裂隙发育
		2.5		二$_1$煤层
		3.0		灰-深灰色粉砂岩,具波状-透镜状层理
石炭系	太原组	5.3		灰黑色致密坚硬泥岩
		3.7		灰色硅质泥岩,致密坚硬,节理发育,厚度稳定
		5.0		深灰色中原层状灰岩,层位稳定
		3.7		深灰色灰岩,极不稳定,相变为泥岩、砂质泥岩
		4.0		深灰色砂质泥岩,含黄铁矿结核
		4.0		粉砂岩和砂质泥岩为主
		5.6		灰-深灰色中厚层状石灰岩,质纯、致密
		4.4		灰白色中-粗粒石英砂岩和灰黑色砂质泥岩
	本溪组	7.0		浅灰色铝土岩,含星散状黄铁矿晶粒
奥陶系	马家沟组	63.0		灰色、青灰色厚层状石灰岩

图 6-23　13151 工作面地层柱状图

6.2.4　底板突水危险性评价

6.2.4.1　突水系数法

13151 工作面底板隔水层比较薄,平均厚度为 45.7 m,承受的奥灰水压约 3.0 MPa。经计算得突水系数 T=0.07 MPa/m<T_s= 0.1 MPa/m,根据《煤矿防治水细则》,底板受构造破坏的地段突水系数一般不得大于 0.06 MPa/m,隔水层完整无断裂构造破坏的地段不得大于 0.1 MPa/m。根据 13151 工作面地质报告,经底板注浆加固,隔水层完整无断裂构造破坏,但由于煤层赋存地质条件本身的复杂性,煤层底板下可能存在隐伏构造,为递进导升创造条件。初步结论认为突水可能性小,底板比较稳定,但后期工作面发生了突水事故。

6.2.4.2　底板破坏与递进导升协同突水法

1. 自然导升高度确定

新安煤田奥灰含水层富水性极强,但大部分区域实际不富水,可安全回采;仅少部分区段富水,采掘通过时有突水风险。井下瞬变电磁勘探时,富水区段显示电性低阻,分别对工作面上、下巷进行了瞬变电磁垂探和内侧俯探。根据井下瞬变电磁勘探成果,上巷不存在电性低阻区;下巷存在一处明显的电性低阻区段,垂探与侧俯探的电性低阻区位置一致。其位置处于切眼朝外210~230 m,即第11钻场前后约20 m并向工作面内部延伸约30 m(见图6-24),在低阻区施工4个钻孔对其富水性、径流条件等进行了验证,通过多种因素进行综合分析,勘探成果表明:该区域奥灰含水层富水性较强,也是奥灰水的径流带,为低阻区,存在一定突水风险。工作面煤层底板承受水压3.0 MPa,高水压为突水提供了动力条件,并在其长期作用下,奥灰水在突水前可导升一定高度并潜伏于煤层底板隔水层。回采前,经井下瞬变电磁向下竖直勘探和内帮俯角60°勘探,突水区域显示电性低阻,如图6-24所示,35 m深低阻明显,并向下延伸至奥灰含水层,煤层底板向下至低阻区的距离为35 m。电性低阻区疑似奥灰富水条带,预测有突水危险,建议钻探验证。物探、钻探结果表明:电性低阻区处于奥灰水径流条带;在工作面回采之前,奥灰水已越过本溪组铝土岩,奥灰水递进导升后,潜伏于太原组地层下段。

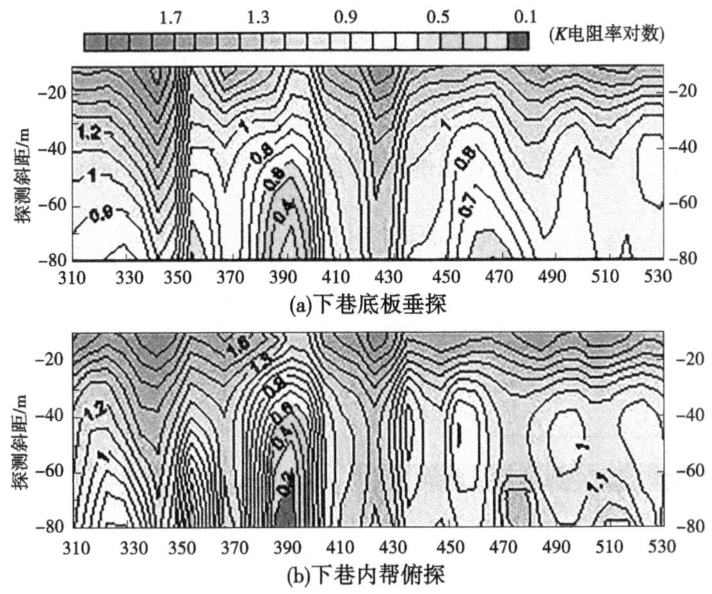

图6-24　13151工作面运输巷底板瞬变电磁剖面

2. 底板破坏深度确定

40多d过后,13151工作面处于停采状态,临瞬变电磁低阻区位于临时停采线处。在瞬变电磁低阻区煤壁侧高应力长期作用下,底板持续受到剪切破坏,从而减弱了底板的阻隔水性能。

FLAC 3D数值模拟表明:工作面剪应力呈"蝴蝶形"分布,临时停采线底板剪应力集中区位于前方10~15 m,深15~23 m,如图6-25所示;临时停采线前方约7 m处出现压应力集中,最大达6.93 MPa,其煤壁下伏塑性区深度最大达19 m,如图6-26所示。工作面长时间停采,临近停采线煤层底板受到持续剪切破坏作用,导致底板裂隙进一步发育并向四周扩散,底板充水区域扩大。这与瞬变电磁复测低阻区扩大的结果相一致。突水区段距工作面5~8 m,正位于垂直应力集中、底板剪切破坏严重地带。

3. 底板破坏与递进导升协同突水法突水危险性预测

由式(3-62)可知,新安煤矿13151工作面底板隔水层总厚度M为47.5 m,承压水自

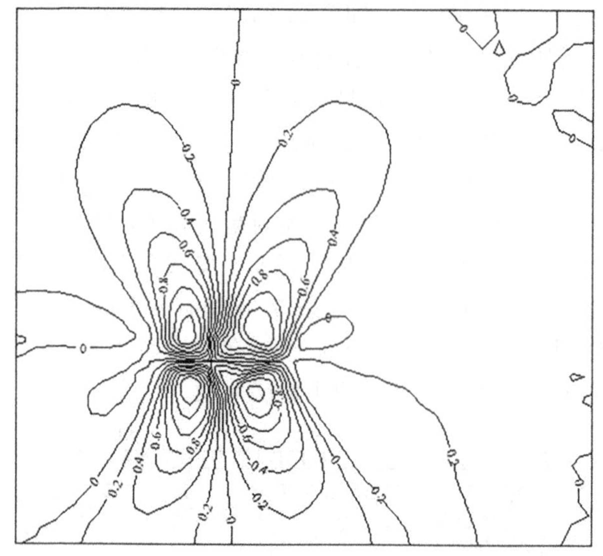

图 6-25　13151 工作面围岩剪应力等值线　(单位:m)

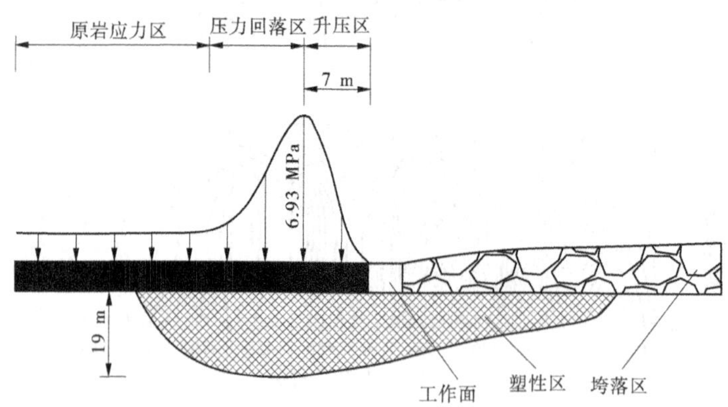

图 6-26　13151 工作面底板岩体应力状态分布示意

然导升高度 H_0 为 35 m,底板破坏深度为 15~23 m,平均为 19 m, $H_0+\Delta H+H_1=35+19=54$ m>$M=47.5$ m,H 为有效隔水层厚度,为 0,在底板岩层破裂与递进导升协同作用下,底板破坏导水带增大,自然递进导升高度渗入底板破坏区域相互连通,最后形成底板突水通道,承压水沿突水通道裂隙进入采空区,煤层底板突水事故发生。因此,煤层底板必须采取注浆加固防治水措施。

通过对焦作矿区赵固一矿 16001 工作面的预测评价和义煤矿区新安煤矿 13151 工作面突水事故的验证分析发现,由于煤层赋存地质条件复杂,传统的突水系数法经验公式(基于华北地区多个大型矿井数据得出)未能综合考虑矿山压力、承压水动态作用以及断层与原生节理面等特征因素。采用底板破坏与递进导升协同突水法对新安煤矿 13151 工作面进行评价,结果显示存在突水风险,煤层底板必须采取注浆加固等防治水措施。因此,基于底板破坏与递进导升协同作用的突水危险性预测方法具有科学性和合理性。

6.3 本章小结

(1)利用高精度微震监测技术,对赵固一矿 16001 工作面底板实现了连续动态监测,获得了底板裂隙发育程度范围和隐伏断层递进导升突水过程实时数据,得出了底板破坏与递进导升协同突水的微震事件时空分布规律。监测结果验证了理论分析、相似模拟以及数值模拟结果,证实了底板破坏与递进导升协同突水机制的合理性,形成了一套煤层底板突水预测现场监测技术体系,具有重要的实际意义和广阔的工程应用前景。

(2)以赵固一矿 16001 带压开采工作面为背景,通过直流电法勘探查明了工作面$二_1$煤层顶、底板岩层的富水性,划分了目标岩层附近的相对贫、富水区域,探测工程沿着 16001 工作面上下顺槽布置测点进行直流电法物探,共解释低阻异常区 4 个(其中上顺槽 1 个,下顺槽 3 个)。从煤层底板到奥灰 L_8 距离为 36 m,从 X_3 异常区可以看出灰岩水地底板自然导升高度为 8 m。

(3)最终确定底板最大破坏深度为 28 m。利用高精度微震监测技术,对赵固一矿 16001 工作面底板连续和动态地监测裂隙发育程度范围和隐伏断层递进导升突水过程。分析工作面含断层区域微震事件分布规律,并根据断层区域内微震事件,将断层的活化程度分为 4 个阶段:采动影响前阶段、受采动影响初期阶段、断层活化阶段和断层活化渐灭阶段。

(4)通过底板破坏与递进导升协同突水法分别对焦作矿区赵固一矿 16001 工作面回采前底板突水危险性进行评价和义煤矿区新安煤矿发生突水后底板突水危险性进行验证,并与采用突水系数法的计算结果进行了对比,进一步证实了煤层底板与递进导升协同突水危险性预测方法的合理性。

7　底板水害综合防治技术

针对水文地质条件的复杂性,采用地面区域超前注浆加固治理技术,重点查明底板灰岩含水层的富水状况及工作面内构造发育情况,通过地面超前对灰岩含水层进行探查及注浆加固,对灰岩含水层进行注浆充填加固,提高煤层底板一定厚度范围内整体岩层完整性(将含水层改造成隔水层或弱含水层),增加煤层底板与灰岩含水层底面之间各岩层抗压强度,提高抗水压的能力,降低井下采掘期间水害威胁程度。煤矿防治水工作应当坚持“预测预报、有疑必探、先探后掘、先治后采”的原则,根据不同水文地质条件,采取探、防、堵、疏、排、截、监等综合防治措施。推进防治水工作由过程治理向源头预防、局部治理向区域治理、井下治理向井上下结合治理、措施防范向工程治理、治水为主向治保结合的转变,构建理念先进、基础扎实、勘探清楚、科技攻关、综合治理、效果评价、应急处置的防治水工作体系。

7.1　防治水要求

(1)矿井煤层底板水防治要坚持“易疏则疏、难疏则注;疏堵结合、综合治理”的原则,按照“物钻结合、精准探查;主动预防、超前治理;疏水降压、限压开采;局部注浆、加固开采;全面注浆、改造开采;分类评价、安全开采”的模式开展水害治理工作。

(2)采深超过 600 m、承压水静水水压超过 6 MPa、突水系数超过 0.06 的突水危险区域及水文条件复杂和极复杂矿井,优先采用地面区域治理技术进行水害治理,辅以井下钻孔检验和局部治理。

(3)水文条件中等及以下矿井,受底板水影响存在底板水害威胁,底板水以静储量为主、可疏性强的区域,应采取“疏水降压、限压开采”措施。

(4)水文条件中等及以下矿井,受底板水影响存在底板水害威胁,当承压含水层与开采煤层之间的隔水层能够承受的水头值小于实际水头值时,且承压含水层的补给水源充沛,不具备疏水降压和帷幕注浆的条件时,采取井下底板注浆改造的水害治理措施。

(5)水文条件中等及以下矿井,当承压含水层与开采煤层之间的隔水层能够承受的水头值大于实际水头值时,可对回采工作面开展物探探测,对物探异常区进行探查验证后可以进行带压开采,但必须制定专项安全技术措施,由上级煤业公司总工程师审批。

(6)注浆加固底板或者改造含水层结束后,由上级煤业公司总工程师组织效果评价。区域治理工程结束后,对工程效果做出结论性评价,提交竣工报告,由上级煤业公司总工程师组织验收。

(7)受底板水影响较大的矿井及水文地质条件复杂、极复杂矿井都要建立地面注浆站;注浆区域距离远,地面注浆站不能满足注浆需要的,可建立井下接力注浆站。

地面注浆站根据矿井水害治理需求,配备与注浆能力相匹配的注浆泵、注浆管路、配电设备和水泥罐,实现注浆连续、控制可靠、作业高效的现代化信息化注浆站。注浆站建设能力要满足矿井安全生产需求。

7.2　地面区域注浆改造

7.2.1　技术要求

7.2.1.1　地面区域治理钻探设计依据

地面区域治理钻探施工设计,要依据突水系数分析有水害威胁的底板含水层,确定治理目标层,对一定区域范围内的目标层进行注浆加固及改造,在现场踏勘基础上,按照"总位移最少、总井深最少、尽量降低最大井斜角"的原则,同时以现有的地质资料(包括地层的化分和岩石可钻性级别、地质构造和水文地质条件)、交通条件、地形地貌及费用定额等资料为依据进行设计,可根据实际情况选用设备和选择最优施工方法与工艺,确保工程质量及需求以便获取最佳的经济效益。

7.2.1.2　钻孔布置要求

钻孔布孔方式采用主孔和分支水平孔方式。分支水平孔呈"带"或"羽"状布置,与裂隙和构造发育方向垂直或斜交,分支孔水平间距应根据施工区域水文地质条件和实测注浆浆液的扩散半径来考虑,孔间距以40~60 m为宜,一个主孔原则上应布置多个分支孔,遇特殊或导水构造发育地段时,应根据情况布置分支孔,确保工程质量达标。地面区域水害治理设计钻孔平面见图7-1,地面区域水害治理设计钻孔剖面见图7-2。

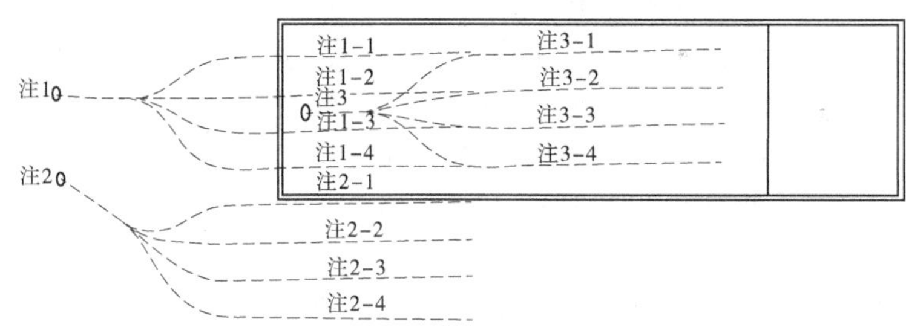

图7-1　地面区域水害治理设计钻孔平面

7.2.1.3　钻探工艺

1. 钻孔结构设计

地面区域水害治理工程钻井一般采用三开钻孔设计,遇构造及易塌地层可根据实际情况加大套管级数,但最小一级套管不得小于ϕ177.8 mm。

2. 钻孔轨迹设计

根据治理区域内目标层垂深及水平段的长度,保持适当的狗腿度和钻进轨迹平滑可以有效降低裸眼摩阻,降低钻进扭矩,有利于钻孔施工,所以在钻井轨迹设计时狗腿度一般在(5°~8°)/30 m,也可根据实际施工情况及时调整钻孔轨迹。

3. 套管下设要求

主孔设计通常为两级套管,层层隔离,一级套管隔离冲积层,下入稳定基岩层内不少

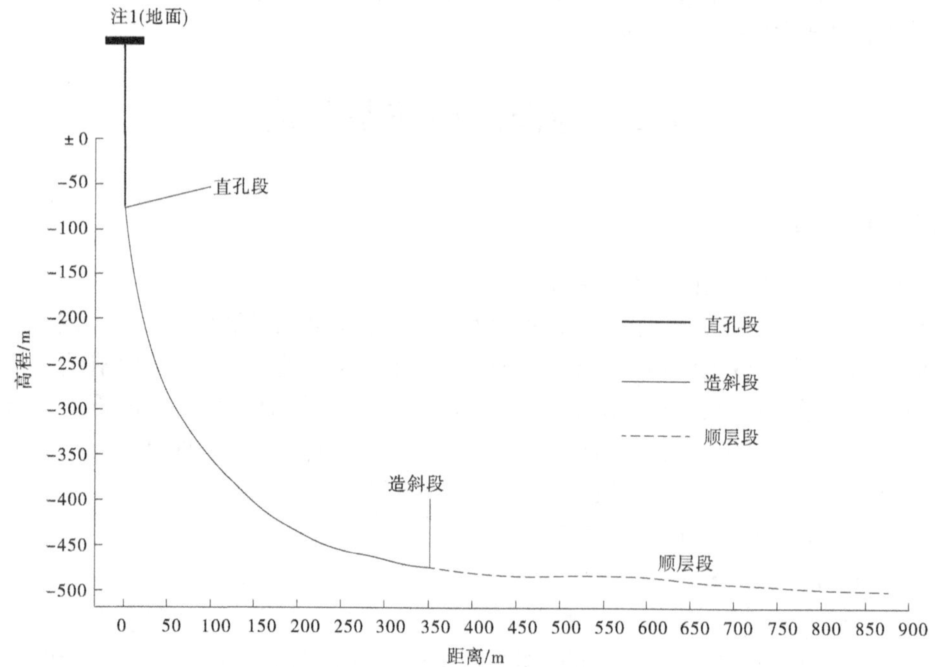

图 7-2　地面区域水害治理设计钻孔剖面

于 10 m;钻进至目标层后,下入二级套管。各级套管均用纯水泥浆进行固管;水泥凝固后扫孔到出下套管口 0.3~0.5 m 处做耐压试验,并稳压 30 min,其中一级套管试耐压 4 MPa(地面孔口压力),二级套管试耐压 10 MPa(地面孔口压力)。严格按要求下设套管,更改套管方案须进行设计变更并经矿井总工程师组织有关人员会审批准后方可执行。

部分矿井因具有冲积层巨厚、基岩薄的特点,须在冲积层中即开始造斜,特别是在主孔施工阶段还需施工探孔以查明大断层位置、性质等要素,一级套管可根据需要只下到冲积层中,但要充分考虑冲积层孔段的保护和探孔施工调整的冗余度。

4. 钻井液设计

(1)直孔段钻进钻井液配制要以防塌、防漏为目的,使用常规泥浆,根据施工实际情况进行调整,必要时加入适量的降失水剂,以保证正常钻进,提高钻进效率。

(2)造斜地层主要为黏土岩、粉砂岩、煤层等煤系地层,水敏性较强,需要注意防塌。

(3)二级套管下置后水平段钻进,必须采用无固相冲洗液,防止浆液堵塞裂隙通道影响后续注浆效果。

(4)泥浆性能维护:采用连续泥浆罐和长循环槽、振动筛、除泥器等设备做好固相清理工作,对含砂量、泥饼等性能进行控制,并添加润滑剂、抑制剂等使钻井液有良好的润滑性、抑制性和携砂性。施工中按时观测泥浆性能,发现性能达不到施工需求时,及时进行调整。调浆时,用搅拌机将泥浆调整好,顺循环槽将泥浆缓慢流入泥浆池中,泥浆池中不得直接加入清水,起钻前尽量不要调整泥浆,以防止比重不均造成喷浆。

7.2.1.4　钻探要求

(1)采用无线随钻定向钻进技术进行钻孔轨迹控制。钻孔严格按照设计施工,直孔段、造斜段误差不超过±5 m,在目标层钻进过程中,钻遇率不小于90%。若发现钻孔脱离目标层,要对钻孔轨迹及时进行调整,以便以最小的距离重新进入目标层。

(2)施工直孔段期间,每50 m检测一次孔斜。

(3)钻孔钻进过程中要求进行简易水文地质观测,如发现冲洗液漏失、掉钻、埋钻等现象,要详细记录其深度、层位、水位和冲洗液消耗量,并注明采取的措施。

(4)在钻探施工过程中,以探查导水通道为主,兼顾查明落差5 m以上断层产状特征。根据孔段及注浆目的的不同,分别采用不同的注浆方式,直孔段及造斜段采用下行式注浆方式,遇冲洗液漏失严重时需立即堵漏或注浆加固;分支孔段采用前进式注浆方式,钻遇冲洗液漏失(漏失量大于10 m^3/h)或每钻进200 m就立即开始注浆;特殊层段如断层破碎带可适当增加注浆次数。注浆前需向孔内进行压水,根据压入水量及漏失量,确定浆液的类型及配比。

(5)每次注浆达到要求后,再向下或向前施工,循环反复直至达到设计终孔位置。

7.2.2 造浆流程

在地面钻探施工地点建造注浆站(包括注浆罐、搅拌池、制浆机、注浆泵、振动筛、沉淀池、土场),注浆站距孔口距离合适,造浆、注浆设备配备齐全、运转良好,造浆、注浆能力应满足工程需要。采用高压清水射流造浆,经沉淀池、振动筛除砂后形成精黏土浆,一次搅拌加水泥,二次搅拌均匀形成黏土水泥浆。造浆流程见图7-3。

7.2.3 地面注浆施工要求

当钻孔出水量达到20 m^3/h以上,满足地面注浆条件时,可以起钻地面注浆,采用分层地面注浆方式;当钻孔终孔出水量小于20 m^3/h,需进行地面压水试验,若可以地面注浆,则采用地面注浆,若升压较快,则采用井下注浆方式。浆液浓度范围为1.15~1.30 t/m^3,地面注浆终压不低于设计终压。钻孔注浆前钻孔需至少放水2 h,冲洗孔内岩粉碎块,注浆前要向孔内压水1 h,冲洗受注层位的裂隙。地面注浆的浓度要遵循"稀—稠—稀"的原则,注浆工每0.5 h观察一次注浆压力,发现异常立即处理。注浆结束后,地面注浆站用高档压清水冲洗注浆管路,冲洗时间不低于6 h。地面注浆期间需每隔1 h详细记录注浆浓度、注浆压力。地面注浆施工工序见图7-4。

7.2.4 效果评价

7.2.4.1 钻探质量评价

钻孔目标含水层钻遇率≥90%。漏失量超过10 m^3/h是否及时注浆,钻探期间异常层位收集是否齐全。

7.2.4.2 注浆质量评价

地面注浆终压达到设计要求,终孔吸浆量≤60 L/min并稳定30 min以上,压水试验,测得单位吸水率q不大于0.01 L/(min·m·m),否则,复注直至达到要求。

主孔全段封孔终止压力达到设计压力,封闭段的水泥浆凝固后,顶面不得低于井口深度5 m,否则必须重新封闭。

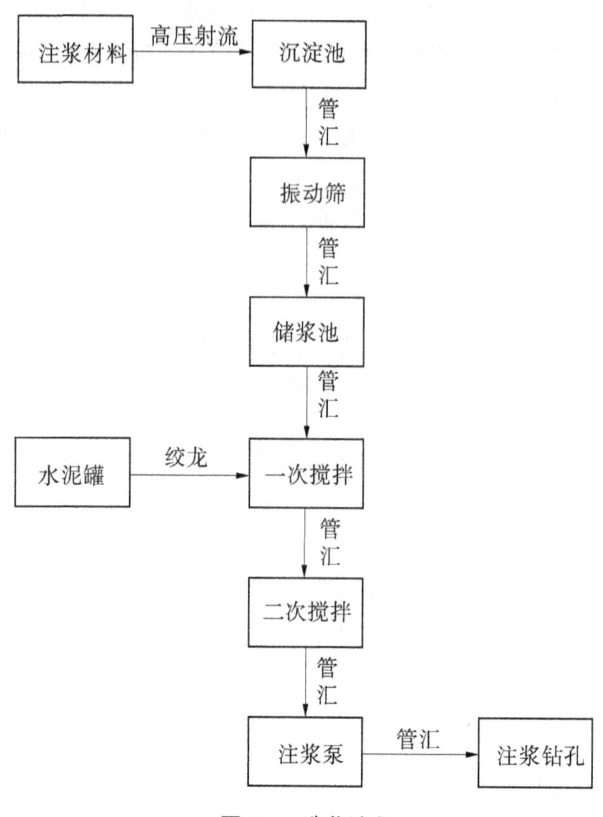

图 7-3　造浆流程

7.2.4.3　**掘进工作面验证标准**

掘进工作面地面水害区域治理工程竣工验收合格后，要进行超前物探佐证查异，物探超前距不小于 30 m，进一步验证地面区域水害治理工程施工效果，未发现物探异常的可进行正常采掘活动；发现物探异常时进行钻探验证，如钻探验证水量小于 10 m^3/h，则为正常；如钻探验证水量大于 10 m^3/h，则要补加注浆加固钻孔，直至最后一个验证钻孔水量小于 10 m^3/h。

7.2.4.4　**回采工作面验证标准**

回采工作面地面水害区域治理工程竣工验收合格后，要进行“物探+钻探”佐证查异，进一步验证地面区域水害治理工程施工效果，未发现物探异常且钻探验证水量小于 10 m^3/h 可进行正常效果评价；发现物探异常时须补充钻探验证，如钻探验证水量小于 10 m^3/h，则为正常；如钻探验证水量大于 10 m^3/h，要补加地面注浆加固钻孔，直至最后一个验证钻孔水量小于 10 m^3/h。工作面回采期间底板最大出水量≤30 m^3/h。

7.3　井下注浆改造

通过在工作面上、下顺槽布置注浆钻孔，对底板灰岩含水层进行注浆来充填岩溶裂隙和导水裂隙，从而大大减弱含水层的富水性并切断水源补给通道，将受注含水层改造为隔

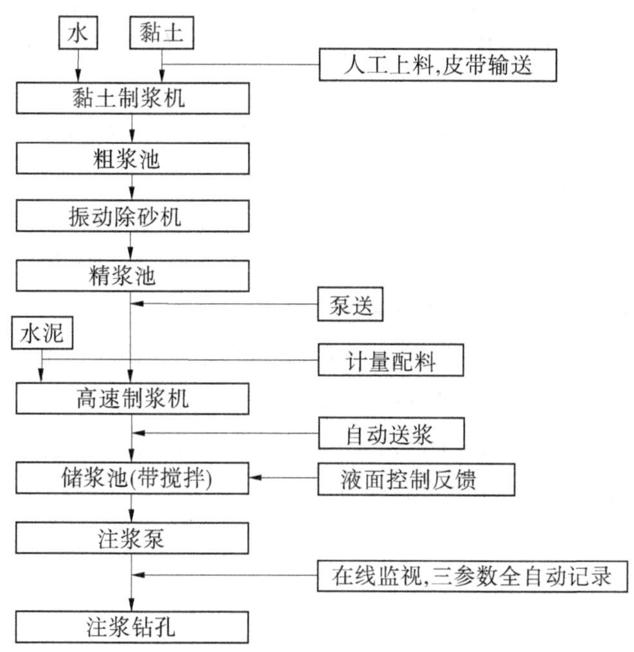

图 7-4 地面注浆施工工序

水层或弱含水层,同时增强了煤层底板隔水层的强度,降低了工作面底板出水的可能性,有利于工作面的安全回采。

7.3.1 底板注浆改造工程设计内容

(1)工作面概况。包括位置、范围、面积、储量、四邻关系及井上下对照关系。

(2)水文地质条件分析。包括煤层顶底板岩性特征、充水水源、充水通道、构造发育情况、钻孔预计出水量。

(3)设计目的。探查工作面底板导水构造,注浆封堵煤层底板岩溶、导水裂隙,切断太原组上段灰岩含水层与煤层之间的水力联系,注浆充填底板灰岩含水层,把含水层改造为隔水层或弱含水层,最终达到加固煤层底板、增加有效隔水层厚度、增强底板抗压强度的目的,保证工作面安全回采。

(4)钻孔设计。包括设计终孔层位、钻孔间距、方位、倾角、孔深、止水套管长度、注浆终压。

(5)设备、材料选型、材料配比及注浆系统。包括设备型号及性能参数,注浆系统、注浆材料、注浆浓度要求。

7.3.2 设计原则

(1)根据安全隔水层厚度确定钻孔设计终孔层位。

(2)钻孔在平面上呈扇形展布,长短结合,钻孔落点平距尽量控制在 60 m 左右,构造发育处及切眼、停采线附近钻孔落底尽量控制在 50 m 左右,相邻钻场的钻孔在平面上交叉布置,如图 7-5 所示。

(3)钻孔在剖面上应尽量与断层、裂隙走向垂直或斜交,尽量避免相交钻孔交叉点在同一层位,如图 7-6 所示。

(4)工作面钻孔覆盖范围应到工作面外侧不小于 30 m 距离。

(5)钻孔设计按照“整体加固、突出重点”的方式进行,待探明灰岩富水性后,针对性对出水较大区域加密补加钻孔,增强注浆改造效果。

(6)在构造发育区域、钻探期间富水性较强的区域以及物探异常区,进行针对性地补加钻孔,有效阻隔煤层与含水层之间的水力联系。

(7)钻孔参数为先期设计,后期顺槽掘进期间根据实际揭露煤层底板等高线情况、构造发育情况、周边钻场已施工情况进行综合考虑后,及时对钻孔设计进行优化。

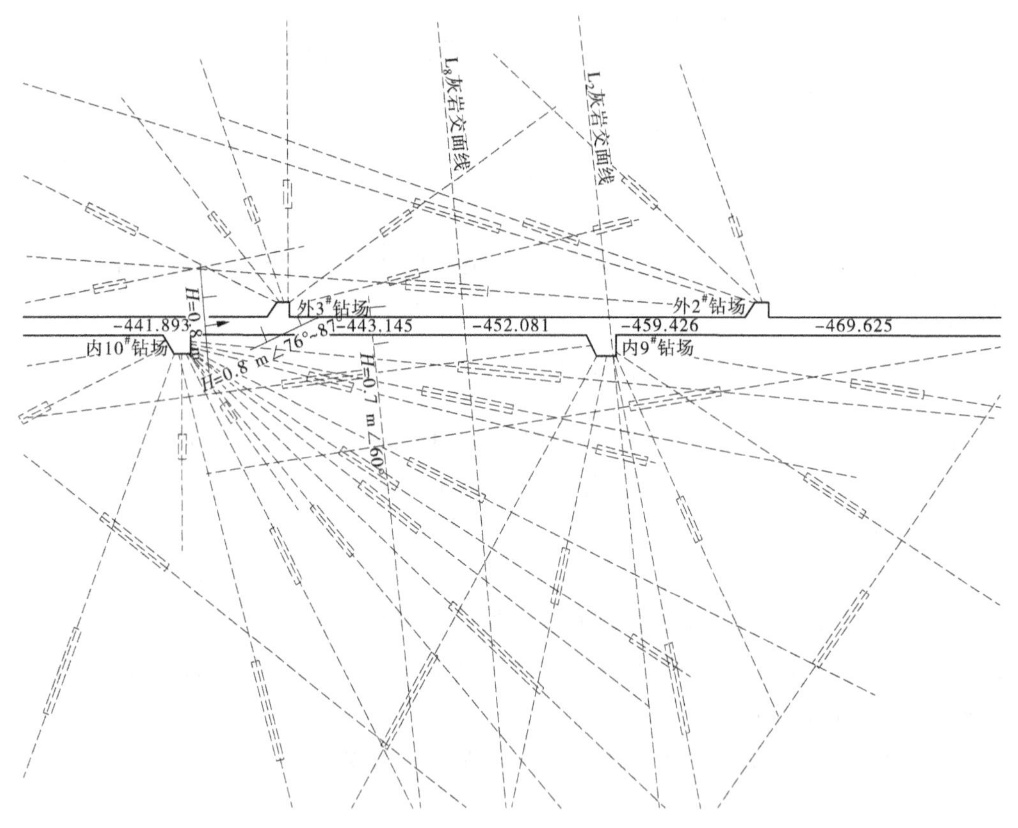

图 7-5　井下注浆加固钻孔平面布置图　(单位:m)

7.3.3　施工要求

(1)井下注浆改造钻孔的施工顺序为开孔、下套管、注浆加固套管、透孔试压、预注

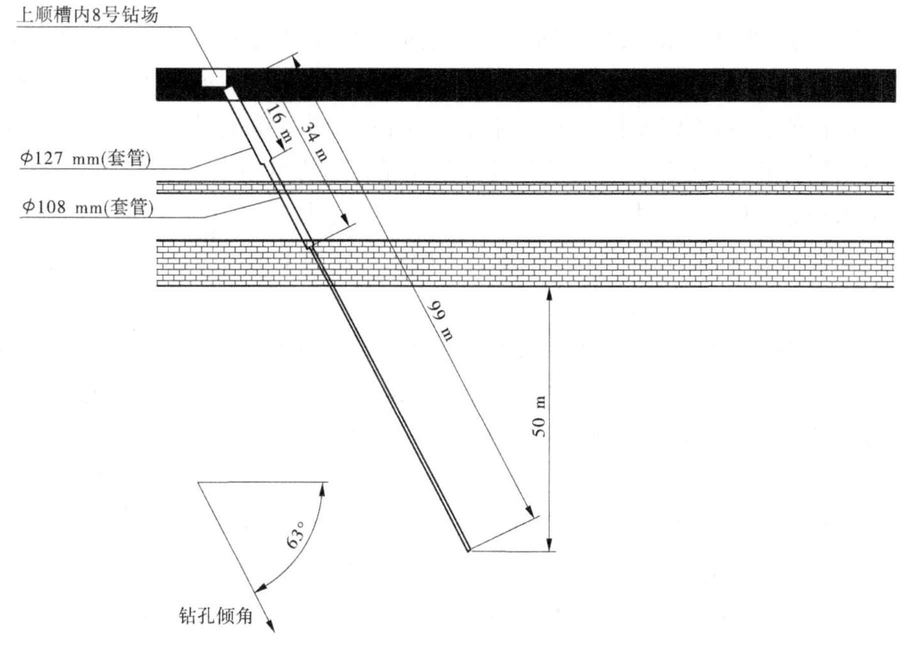

注:方位107°、倾角-63°、孔深99 m。一级套管(φ127 mm)16 m、二级套管(φ108 mm)34 m。

图 7-6　井下注浆加固钻孔设计剖面图

浆、钻进、揭露含水层、地面注浆、封孔等。

(2)钻孔方位标定要求。钻孔开始施工之前,先由测量人员给定钻场中心十字线,再由技术负责人利用坡度规或数字方位仪在钻场内标定钻孔方位线,使用棉线由钻场顶板中心点引出所有钻孔方位,线长不小于 2 m,指导钻孔施工。

(3)开孔施工要求。按照间隔序次开孔,同一钻场开孔个数不得超过 4 个,钻孔相邻钻孔间距不小于 0.8 m,方位角误差不超过±1°、倾角误差不超过±0.5°。

(4)下管施工要求。按设计直径及长度下入套管,现场测量每根套管长度,短节之间丝扣上要加生料带并拧紧,杜绝出现漏水现象,套管下入后,露出底板的高度不得大于 100 mm,下入套管角度与设计误差不超过±0.5°。

(5)固管施工要求。注浆加固前,需对套管采取固定措施,防止压力过高顶出套管,下入套管后必须一孔一加固,严禁多孔同时加固套管,若钻孔开孔时有出水现象,原则上选择外壁注浆工艺,其他可选择孔内注浆工艺,固管材料选用单液水泥浆或水泥—水玻璃双液浆,固管前需将孔内及壁间岩粉冲洗干净,并保证浆液将套管内外壁均充满、充实。

(6)套管透孔试压施工要求。套管单液加固结束后不低于 12 h 方可透孔试压,套管双液加固结束后不低于 6 h 方可透孔试压,透孔结束后需进行清水耐压试验,压力应达到设计要求,稳压 30 min 以上无漏水现象视为合格,清水耐压试验责任人必须详细填写井下原始记录并签字确认。

(7)钻进施工要求。钻孔每次钻进前必须重新校正钻孔方位角、倾角,钻进时先供水,观察孔内返水情况正常后再钻进,钻进时要均匀给压,匀速钻进,系统压力不得超过所使用钻机设计值,钻进期间要仔细观察岩层、出水情况,并规范记录水文地质情况,停止钻进时,要将钻具提离孔底 3 m,将孔底岩粉冲洗出钻孔后方可停水。

(8)预注浆加固施工要求。注浆加固一般为井下注浆,注浆材料选用水泥,有异常情况时可使用骨料封堵裂隙,其中单液水泥浆采用水灰比为 1∶1~1∶1.5,达到设计注浆压力并稳压。

(9)预注浆透孔试压要求。预注浆加固后必须凝固 6 h 后方可透孔,根据顶板标记的方位及测定的套管倾角调整钻机,对正孔位后透孔至预注浆深度进行清水耐压试验,终压达到设计值并稳压 30 min 无漏水现象,视为试压合格,方可继续钻进。

(10)揭露含水层施工要求。预注浆试压合格,孔口安设 DN100 高压闸阀及防喷装置后方可继续钻进揭露含水层,法兰盘与闸阀、闷盖等处必须使用高压石棉垫。钻孔倾角过大无法安设防喷装置时,必须确保排水系统可靠,汇报分管领导同意后方可继续钻进。同一钻场内,要求钻孔出水后一孔一注,地面注浆结束后其他钻孔方可揭露含水层,禁止两个钻孔同时揭露含水层,钻孔出水后要测定出水深度、出水量、水温、水压等基本参数,并详细记录。

钻孔施工工艺流程如图 7-7 所示。

7.3.4 效果评价

井下注浆改造工程结束后,要进行物探、钻探检验,根据治理效果,对存在的异常区要再次进行有针对性的补孔检验和注浆治理。评价依据主要有工作面突水系数、注浆量与出水量之比、物探、钻探等,具体标准如下:

(1)水文条件复杂块段注浆量与出水量之比大于 1.0;水文条件中等块段注浆量与出水量之比大于 0.5。

(2)物探复探不存在异常区或复探异常区经钻探验证无水害威胁。

(3)验证钻孔出水量小于 10 m^3/h。

(4)治理结束后工作面突水系数不得大于 0.1 MPa/m。

以上所有评价内容达到标准视为评价合格,否则需进一步补孔验证。

采用地面与井下联合注浆加固技术,保证工作面防治水工程在达到注浆改造效果的同时做到时间最短、效率最高,有效预防回采工作面水害事故的发生,有效降低矿井生产经营成本,为工作面安全、高效生产提供坚实的保障。

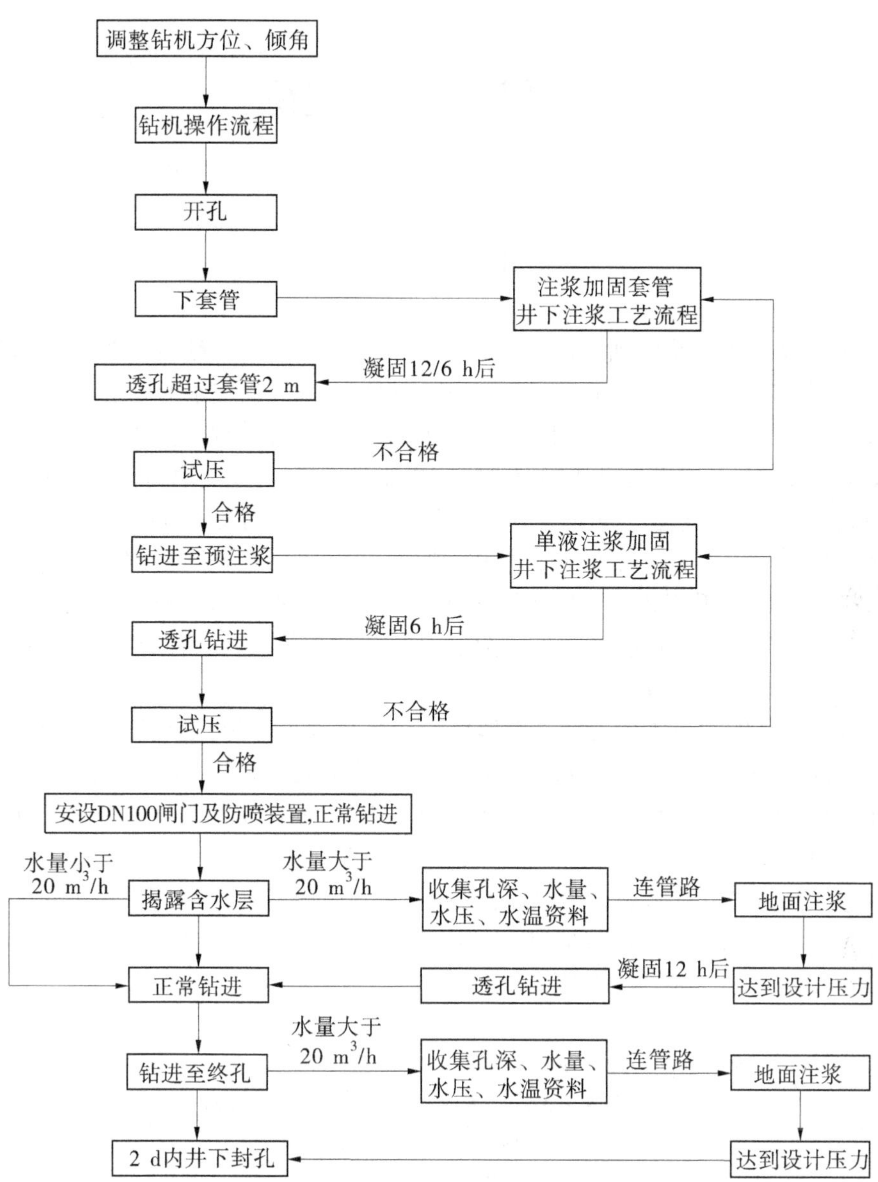

图 7-7　钻孔施工工艺流程

8　结论与展望

8.1　结　论

深部煤炭资源的开采受到很多因素的制约，而隐伏构造是关键因素之一，也容易引发突水灾害。本书以河南矿区为研究对象，分析了煤层开采底板突水形成条件，在总结分析现有文献资料的基础上，运用理论推导、相似模拟、数值模拟、现场监测等多种方法和手段，对煤层底板破坏与递进导升协同突水致灾机制进行研究，主要取得如下结论：

(1)通过对河南受水害严重的焦作、郑州以及永城矿区的突水资料进行分析，并研究分析义煤矿区所属矿井同一个位置进行两次物探和其他矿区导升高度探查的资料，认为水压和裂隙为递进导升提供了条件，煤层底板具有导升现象的部位是构造发育部位，也是力学性质薄弱的部位，突水通道一般为隐伏断层、裂隙带等，岩溶含水层的富水性以及水压直接决定了突水与否和突水量大小。

(2)通过对孔隙中液体压力与岩石体应变的微分方程分析，发现岩石体应变与孔隙中液体压力存在相关关系，得出岩石瞬间体积应变将造成很大的冲击水压，随采煤工作面推进，冲击水压助力裂隙扩展，导升带逐渐上升。因此，冲击水压是底板破坏与递进导升协同突水重要因素之一。

(3)基于递进导升及断裂力学原理，改进了采场底板破坏与递进导升协同突水的力学模型，并利用底板隐伏断层上端的应力强度因子，推导出递进导升突水临界力学解析式和断层到底板破坏区的最小安全距离。

①递进导升带裂隙扩展延伸的力学判据的计算公式：

$$P_c = \frac{\dfrac{K_c}{\sqrt{2\pi b}} - \lambda\left[\dfrac{F_M G l^2 b}{4(H+\Delta H)^3} - \dfrac{T}{2(H+\Delta H)}F_\sigma \dfrac{b}{H+\Delta H}\right]\sin\alpha - \dfrac{T}{2(H+\Delta H)^2}F_\sigma b\cos\alpha + \dfrac{F_\tau(Q+G)}{4}\cos\alpha}{\dfrac{3F_M l^3 \lambda b\sin\alpha}{4(H+\Delta H)^3} - \dfrac{F_\tau l\cos\alpha}{8}} \tag{8-1}$$

②断层到底板破坏区的最小安全距离为：

$$H = \sum_{i=1}^{n}\Delta H_i = \frac{\pi K_{\mathrm{Ic}}^2}{[(\sigma_1 - \sigma_3)\sin\alpha\sin2\alpha + (P - \sigma_3)\pi]^2} \tag{8-2}$$

③建立了由底板破坏带、递进导升带和岩桥三要素构成的底板破坏突水模型，揭示了底板采动破坏、承压水递进导升以及剩余隔水岩层岩桥断裂损伤之间的相互耦合关系。底板隐伏断层在矿压和水压共同作用影响下，尖端的应力发生了集中，应力强度因子增加，当其超过临界值时，即发生扩展，导升高度增加，随即应力得以释放；随着工作面的推进，应力再次集中，强度因子再次增加，当其再次达到临界值时，导升高度再次升高，有效

隔水层厚度减小转化为递进导升高度,同时底板对应区的破坏深度加大,底板的加深破坏与导升高度的递进发展协同作用构成了底板突水的关键因素,底板破坏深度与递进导升高度之间存在岩桥体系,当两者之间岩桥破裂、对接、贯通时,发生突水,得出岩桥的破坏是递进导升和底板破坏协同突水的前提条件,掌握了岩桥促进递进导升的变化规律,在此基础上提出了底板采动破坏与递进导升协同演化突水模式并建立了相应判别条件。

(4)以焦作矿区赵固一矿开采二$_1$ 煤层为背景,运用相似模拟技术,系统研究了底板裂隙扩展与隐伏断层递进导升突水动态发展过程,并自主研发了协同突水定点动态监测系统,模拟分析煤层底板下岩层裂隙发育规律、隐伏断层递进导升、突水通道形成过程。

①自主研制了煤层底板破坏与递进导升协同突水定点动态监测系统,通过对隐伏裂隙倾角 30°、60°和 90°中 9 个动态观测管进行数据采集分析,模拟结果表明:在工作面推过隐伏裂隙上方后,倾角 30°隐伏裂隙动态观测管 1-3 始终没有出水,而倾角 60°、90°隐伏裂隙动态观测管逐渐出水。试验得出,平缓隐伏裂隙倾角 30°断层面容易被围岩重力压紧,其所带来的摩擦效应限制断层带岩体沿着断层面的相对移动,阻碍活化。该监测系统直观地实现了底板不同位置处煤层底板破坏与承压水动态递进导升规律观测。

②随着工作面煤层开挖,直观再现了底板岩层裂隙产生、稳定、再扩展的过程,在矿山压力影响下,工作面底板裂隙发育出纵向拉张裂隙并且不断向下加深,承压水顶部隐伏断层附近岩层出现原生裂隙向上扩展,注水试验中蓝色染料标记的水流沿递进导升裂隙渗入底板采动破坏区,两者发生贯通,形成底板突水通道,发生突水现象,突水通道两侧伴生有羽状剪切裂隙。

③随着工作面推进,获得了隐伏断层递进导升过程经历了自然导升阶段、递进导升阶段、强化导升阶段以及贯通阶段 4 个阶段,且与煤层底板岩体裂隙发育的速度和规模有着重要关系。随着底板岩体卸荷程度增加,递进导升程度加强,揭示了采场底板破坏与递进导升协同突水机制及两者之间时空演化规律。

④在整个工作面开挖过程中,当回采至 140 cm 处,回采已过断层正上方 35 cm 左右后,底板破坏带与断层递进导升高度对接贯通,发生工作面断层滞后突水,说明底板破坏与递进导升协同引起突水有一定滞后性。

(5)运用 FLAC 3D 数值模拟的方法对底板裂隙扩展与隐伏断层递进导升突水动态发展过程进行了研究,得出:

①随着工作面的开挖,在水岩耦合共同作用下,隐伏断层周边渗流场与工作面前方的塑性破坏场逐渐对接,断层突水的危险通道渐渐形成,再现底板突水路径的应力场、渗流场演化过程,即围岩塑性破坏场与渗流场渐渐耦合过程,揭示了采动应力和水压力耦合作用致使底板岩层裂隙萌生扩展、隐伏断层递进导升塑性区发育形态、应力演化规律、渗流特征和突水通道形成机制。

②据断层区域内布置应力测点数据分析,随着工作面推进,证明了隐伏断层递进导升过程经历 4 个阶段,这与相似模拟结果相吻合。

③煤层回采致使地应力重新分布,隐伏断层在采动应力及承压水水压共同作用下,导致底板破坏深度向下增大,递进导升高度向上上升,水在隐伏断层内相互贯通裂隙运动,导致裂隙内静水势能变成动能,对裂隙壁面产生冲刷和扩张作用,底板破坏与递进导升协

同作用使裂隙贯通，这种影响具有一定时效性，发生工作面断层滞后突水，验证了含隐伏断层煤层底板破坏与递进导升协同滞后突水。

（6）利用高精度微震监测技术，对赵固一矿 16001 工作面底板实现了连续动态监测，获得了裂隙发育程度范围和隐伏断层递进导升突水过程实时数据，得出底板破坏与递进导升协同突水的微震事件时空分布规律，监测结果验证了理论分析、相似模拟以及数值模拟结果。采用突水系数法和底板破坏与递进导升协同突水法分别对焦作矿区赵固一矿 16001 工作面回采前底板突水危险性进行评价和义煤矿区新安煤矿发生突水后底板突水危险性进行验证，证实了煤层底板破坏与递进导升协同的突水危险性预测方法合理性。

8.2 创新点

（1）基于线弹性断裂力学理论，改进了采场底板破坏与递进导升协同突水的力学模型，并利用底板隐伏断层上端的应力强度因子，推导出递进导升突水临界力学解析式和断层到底板破坏区的最小安全距离。

（2）本书研制了一种煤层底板破坏与递进导升协同突水定点动态监测试验装置，直观地实现了底板不同位置处煤层底板破坏与承压水动态递进导升规律观测，模拟分析了隐伏断层递进导升过程的自然导升阶段、递进导升阶段、强化导升阶段以及贯通阶段演化特征，为模拟分析该条件下底板突水机制研究提供新方法和手段。

（3）本书建立了由底板破坏带、递进导升带和岩桥三要素构成的底板破坏突水模型，揭示了底板采动破坏、承压水递进导升以及剩余隔水岩层岩桥断裂损伤之间的相互耦合关系。掌握了岩桥促进递进导升的变化规律，在此基础上提出了底板采动破坏与递进导升协同演化突水模式并建立了相应判别条件。

8.3 展　望

本书在研究采场底板隐伏断层底板破坏与递进导升协同突水致灾机制时，以焦作矿区赵固一矿 16001 工作面为对象进行研究，由于地质条件的复杂性、岩体的非均一性、水文地质条件的差异性等，这一课题仍需要进一步研究。由于试验条件、研究时间等方面的限制，今后将在以下几个方面开展研究：

（1）流固耦合问题的相似模拟比较复杂，对相似材料的要求较高。以往的相似材料主要以砂、碳酸钙和石膏为主要成分，其遇水易崩解。因此，自主研制了煤层底板破坏与递进导升协同突水定点动态监测系统，底板含水层用水囊代替承压水，直观实现底板不同位置处煤层底板破坏与承压水动态递进导升规律，但忽略了承压水对断层带及底板中裂隙的冲刷、劈裂作用。为了更加真实地反映断裂构造发育底板岩体的破坏特征，需要在试验过程中模拟含水层对底板岩体的力学作用以实现真正意义上的固液接触，今后将展开进一步研究。

（2）考虑的因素不够全面，室内模型试验只对开挖扰动和水压作用下的底板破坏与递进导升演化规律进行了模拟分析，地应力变化也是影响突水的原因之一。在今后的应用中需要进一步加强多效应场协同作用下煤层底板突水规律研究及递进导升高度探查与监测技术及数字化装备研发。

(3)本书对含隐伏断裂构造底板采动效应进行了研究,未考虑隐伏断层组合形态的影响,在底板岩体结构方面未考虑底板随机裂隙,今后应加强对多条件隐伏断层组合及随机裂隙网络条件下底板采动效应的研究,尽量与现实条件相接近。

参考文献

[1] 袁亮. 煤炭精准开采科学构想[J]. 煤炭学报,2017,42(1):1-7.

[2] 国家统计局. 原煤生产恢复性增长,产业布局调整中优化[EB/OL]. (2018-03-19). https://www.stats.gov.cn/sj/zxfb/202302/t20230203_1899876.html.

[3] 胡泽安. 煤层工作面透射地震波场特征及其三维成像研究[D]. 淮南:安徽理工大学,2019.

[4] 彭苏萍. 深部煤炭资源赋存规律与开发地质评价研究现状及今后发展趋势[J]. 煤,2008,17(2):1-11,27.

[5] 董书宁,王皓,张文忠. 华北型煤田奥灰顶部利用与改造判别准则及底板破坏深度研究[J]. 煤炭学报,2019,44(7):2216-2226.

[6] 隋旺华,王丹丹,孙亚军,等. 矿山水文地质结构及其采动响应[J]. 工程地质学报,2019,27(1):21-28.

[7] 陈雪锋,苗永春,陈文涛. 基于模糊集对分析法的底板突水危险性评价研究[J]. 煤炭科学技术,2019,47(2):218-223.

[8] 武强,申建军,王洋."煤—水"双资源型矿井开采技术方法与工程应用[J]. 煤炭学报,2017,42(1):8-16.

[9] 庞贵良. 保德煤矿底板奥灰水害防治关键技术[J]. 煤矿安全,2020,51(1):75-79.

[10] Wu Q, Zhao D K, Wang Y, et al. Method for Assessing Coal-Floor Water-Inrush Risk Based on the Variable-Weight Model and Unascertained Measure Theory[J]. Hydrogeology Journal, 2017, 25(7):2089-2103.

[11] Sun W J, Wu Q, Dong D L, et al. Avoiding Coal-Water Conflicts During the Development of China's Large Coal-Producing Regions[J]. Mine Water and the Environment, 2012, 31(1):74-78.

[12] Shi L Q, Gao W F, Han J, et al. A Nonlinear Risk Evaluation Method for Water Inrush Through the Seam Floor[J]. Mine Water and the Environment, 2017, 36(4):597-605.

[13] Li W P, Liu Y, Qiao W, et al. An Improved Vulnerability Assessment Model for Floor Water Bursting from a Confined Aquifer Based on the Water Inrush Coefficient Method[J]. Mine Water and the Environment,2018, 37(1): 196-204.

[14] Wu Q, Liu Y Z, Wu H X, et al. Assessment of Floor Water Inrush with Vulnerability Index Method: Application in Malan Coal Mine of Shanxi Province, China[J]. Quarterly Journal of Engineering Geology and Hydrogeology, 2017,50(2):169-178.

[15] 陈雪锋,苗永春,陈文涛. 基于模糊集对分析法的底板突水危险性评价研究[J]. 煤炭科学技术,2019,47(2):218-223.

[16] Gui H R, Song X M, Lin M L. Water-Inrush Mechanism Research Mining above Karst Confined Aquifer and Applications in North China Coalmines[J]. Arabian Journal of Geosciences, 2017, 10(7): 180-189.

[17] Suh J, Kim S M, Yi H, et al. An Overview of GIS-Based Modeling and Assessment of Mining-Induced Hazards: Soil, Water, and Forest[J]. International Journal of Environmental Research and Public Health, 2017, 14(12): 1463-1468.

[18] Du W S, Jiang Y D, Ma Z Q, et al. Assessment of Water Inrush and Factor Sensitivity Analysis in an Amalgamated Coal Mine in China[J]. Arabian Journal of Geosciences, 2017, 10(21):471-480.

[19] 崔芳鹏,武强,林元惠,等. 中国煤矿水害综合防治技术与方法研究[J]. 矿业科学学报,2018,3(3):219-228.

[20] 李连崇,唐春安,李根,等. 含隐伏断层煤层底板损伤演化及滞后突水机理分析[J]. 岩土工程学报,2009,31(12):1838-1844.

[21] 陆银龙. 渗流-应力耦合作用下岩石损伤破裂演化模型与煤层底板突水机理研究[D]. 徐州:中国矿业大学,2013.

[22] 武强. 矿井水害防治[M]. 徐州:中国矿业大学出版社,2007.

[23] Wang Y C, Yin X, Jing H W, et al. A Novel Cloud Model for Risk Analysis of Water Inrush in Karst Tunnels[J]. Environmental Earth Sciences, 2016, 75(22):1450. 1-1450. 13.

[24] 尹尚先,徐维,尹慧超,等. 深部开采底板厚隔水层突水危险性评价方法研究[J]. 煤炭科学技术,2020,48(1):83-89.

[25] B. Д. П а л и й,李砚田. 水体下安全采矿的条件[J]. 国外金属矿采矿,1983(10):123-126.

[26] Odintsev V N, Miletenko N A. Water Inrush in Mines as a Consequence of Spontaneous Hydrofracture[J]. Journal of Mining Science, 2015, 51(3):423-434.

[27] Faria Santos C, Bieniawski Z T. Floor Design in Underground Coal mines[J]. Rock Mechanics and Rock Engineering, 1989, 22(4):249-271.

[28] Sammarco O, Eng D. Spontaneous Inrushes of Water in Underground Mines[J]. International Journal of Mine Water, 1986, 5(2):29-41.

[29] Sammarco O. Inrush Prevention in an Underground Mine[J]. International Journal of Mine Water, 1988, 7(4):43-52.

[30] Wolkersdorfer C, Bowell R. Contemporary Reviews of Mine Water Studies in Europe, Part 3[J]. Mine Water and the Environment, 2005, 24(2): 58-76.

[31] Wolkersdorfer C, Bowell R. Contemporary Reviews of Mine Water Studies in Europe,Part 2[J]. Mine Water and the Environment, 2005, 24(1): 2-37.

[32] Younger P L, Wolkersdorfer C. Mining Impacts on the Fresh Water Environment: Technical and Managerial Guidelines for Catchment Scale Management[J]. Mine Water and the Environment, 2004, 23(Suppl. 1):s2-s80.

[33] Schreck P. Environmental Impact of Uncontrolled Waste Disposal in Mining and Industrial Areas in Central Germany[J]. Environmental Geology, 1998, 35(1): 66-72.

[34] B. H. G. 布雷斯,E. T. 布朗. 地下采矿岩石力学[M]. 冯树仁,等,译. 北京: 煤炭工业出版社,1990.

[35] Meng Z P, Li G Q, Xie X T. A Geological Assessment Method of Floor Water Inrush Risk and its Application[J]. Engineering Geology, 2012, 143-144:51-60.

[36] 王国瑞,冯书顺,马自强,等. 突水系数法的演化及应用[J]. 内蒙古煤炭经济,2015(7):123,147.

[37] Shi L Q, Qiu M, Wei W X, et al. Water Inrush Evaluation of Coal Seam Floor By Integrating the Water Inrush Coefficient and the Information of Water Abundance[J]. International Journal of Mining Science and Technology, 2014(5): 677-681.

[38] Wang J A, Park H D. Coal Mining above a Confined Aquifer[J]. International Journal of Rock Mechanics and Mining Sciences, 2003, 40(4):537-551.

[39] 荆自刚,李白英. 煤层底板突水机理的初步探讨[J]. 煤田地质与勘探,1980(2):51-56.

[40] 李白英. 预防矿井底板突水的“下三带”理论及其发展与应用[J]. 山东矿业学院学报(自然科学版),1999,18(4):11-18.

[41] 许家林,朱卫兵,王晓振. 松散承压含水层下采煤突水机理与防治研究[J]. 采矿与安全工程学报,2011,28(3):333-339.

[42] 桂辉,许进鹏,隋旺华. 含水层富水性与其危险性关系的力学分析[J]. 采矿与安全工程学报,2017,34(1):103-107.

[43] 肖有才. 煤层底板突水的"破裂致突、渗流致突"机理与工程实践[D]. 徐州:中国矿业大学,2013.

[44] 史先锋. 复杂条件下特厚煤层动力灾害防治研究[D]. 北京:北京科技大学,2017.

[45] Lou H J, Shi L Q, Gao Y F. Application of the Theory of Underground Water Net Work Formation and Evolution in the Forecast of Eater Inrush from Coal Floor[J]. Journal of Geoscientific Research in Northeast Asia, 1998(1):70-71.

[46] 高延法,施龙青,娄华君,等. 底板突水规律与突水优势面[M]. 徐州:中国矿业大学出版社,1999.

[47] 倪宏革,罗国煜. 煤矿水害的优势面机理研究[J]. 煤炭学报,2000,25(5):518-521.

[48] Pang Y H, Wang G F, Ding Z W. Mechanical Model of Water Inrush from Coal Seam Floor Based on Triaxial Seepage Experiments[J]. International Journal of Coal Science and Technology, 2014, 1(4): 428-433.

[49] 李杨. 煤矿断层束间煤层开采底板破坏与水害评价[J]. 能源与节能,2018(10):36-38,132.

[50] 缪协兴,刘卫群,陈占清. 采动岩体渗流理论[M]. 北京:科学出版社,2004.

[51] Kong H L, Miao X X, Wang L Z, et al. Analysis of the Harmfulness of Water-Inrush from Coal Seam Floor based on Seepage Instability Theory[J]. Journal of China University of Mining and Technology, 2007, 17(4):453-458.

[52] Zhu Q H, Feng M M, Mao X B. Numerical Analysis of Water Inrush from Working-Face Floor during Mining[J]. Journal of China University of Mining and Technology, 2008, 18(2):159-163.

[53] Pu H, Miao X X, Yao B H, et al. Structural Motion of Water-Resisting Key Strata Lying on Overburden[J]. Journal of China University of Mining and Technology, 2008, 18(3):353-357.

[54] 王连国,宋杨. 煤层底板突水突变模型[J]. 工程地质学报,2000,8(2):160-163.

[55] Wang L G, Song Y, Miao X X. Lyapunov Exponent of Chaos Feature in the Processing of Deformation Failure for Coal Floor[J]. Chinese Journal of Geotechnical Engineering, 2002, 24(3):356-358.

[56] Wang L G, Song Y, He X H, et al. Side Abutment Pressure Distribution by Field Measurement[J]. Journal of China University of Mining and Technology, 2008, 18 (4):527-530.

[57] 王连国,缪协兴,宋扬. 底板岩层变形破坏过程中分维特征研究[J]. 岩土工程学报,2005,27(5):536-539.

[58] Wu Q, Liu Y Z, Liu D H, et al. Prediction of Floor Water Inrush: The Application of GIS-Based AHP Vulnerable Index Method to Donghuantuo Coal Mine, China[J]. Rock Mechanics and Rock Engineering, 2011, 44(5): 591-600.

[59] 王延福,庞西岐,靳德武,等. 岩溶矿井煤层底板突水的非线性动力学模型[J]. 中国岩溶,2000(1):83-91.

[60] 田干. 深部煤层开采底板突水地应力控制机理研究[D]. 北京:煤炭科学研究总院,2015.

[61] 靳德武,周振方,赵春虎,等. 西部浅埋煤层开采顶板含水层水量损失动力学过程特征[J]. 煤炭学报,2019,44(3):690-700.

[62] 王作宇,刘鸿泉. 承压水上采煤[M]. 北京:煤炭工业出版社,1993.

[63] 张金才. 岩体渗流与煤层底板突水[M]. 北京:地质出版社,1997.

[64] 张金才. 煤层底板突水预测的理论判据及其应用[J]. 力学与实践,1990(2):35-38.

[65] Lamoreaux J W, Wu Q, Zhou W F. New Development in Theory and Practice in Mine Water Control in

China[J]. Carbonates and Evaporites, 2014, 29(2):141-145.
[66] 张金才,刘天泉.论煤层底板采动裂隙带的深度及分布特征[J].煤炭学报,1990(2):46-55.
[67] Zhang D M, Qi X H, Yin G Z, et al. Coal and Rock Fissure Evolution and Distribution Characteristics of Multi-seam Mining[J]. International Journal of Mining Science and Technology, 2013, 23(6): 835-840.
[68] 黎良杰,钱鸣高,闻全,等. 底板岩体结构稳定性与底板突水关系的研究[J].中国矿业大学学报,1995(4):18-23.
[69] 钱鸣高,缪协兴,许家林,等. 岩层控制的关键层理论[M]. 徐州:中国矿业大学出版社,2000.
[70] 牛建立. 煤层底板采动岩水耦合作用与高承压水体上安全开采技术研究[D].北京:煤炭科学研究总院,2008.
[71] 郑纲. 煤矿底板突水机理与底板突水实时监测技术研究[D]. 西安:长安大学,2004.
[72] 张金才,刘天泉,张玉卓. 裂隙岩体渗透特征的研究[J]. 煤炭学报,1997(5):35-39.
[73] 潘岳,王志强,张勇. 突变理论在岩体系统动力失稳中的应用[M]. 北京:科学出版社,2008.
[74] 李春元,张勇,彭帅,等. 深部开采底板岩体卸荷损伤的强扰动危险性分析[J]. 岩土力学,2018,39(11):3957-3968.
[75] 姚多喜,鲁海峰. 煤层底板岩体采动渗流场-应变场耦合分析[J]. 岩石力学与工程学报,2012,31(增刊):2738-2744.
[76] 鲁海峰,姚多喜. 采动底板层状岩体应力分布规律及破坏深度研究[J].岩石力学与工程学报,2014,33(10):2030-2039.
[77] 姚多喜,鲁海峰. 承压水上采煤底板破坏规律流固耦合研究[J]. 安徽理工大学学报(自然科学版),2010,30(4):5-10.
[78] Cheng J L, Sun X Y, Gong Z, et al. Numerical Simulations of Water-inrush Induced By Fault Activation During Deep Coal Mining Based on Fluid-solid Coupling Interaction[J]. Disaster Advances, 2013, 6(11): 10-14.
[79] Liu S L, Liu W T, Yin D W. Numerical Simulation of the Lagging Water Inrush Process From Insidious Fault in Coal Seam Floor[J]. Geotechnical and Geological Engineering, 2017, 35(3): 1013-1021.
[80] 施龙青,韩进. 底板突水机理及预测预报[M]. 徐州:中国矿业大学出版社,2004.
[81] 张培森,颜伟,张文泉,等. 含隐伏断层煤层回采诱发底板突水影响因素研究[J]. 采矿与安全工程学报,2018,35(4):765-772.
[82] 周瑞光,成彬芳,叶贵钧,等. 断层破碎带突水的时效特性研究[J]. 工程地质学报,2000(4):411-415.
[83] 刘伟韬,武强,顾景梅,等. 破碎断层变形破坏过程的试验研究[J]. 西安科技大学学报,2008,28(2):259-264.
[84] Yang S A. Prevention and Control of Water Inrush from Faults in Floor Rocks in the Workings[J]. International Joumal of Rock Mechanics and Mining Scienees & Geomeehanies Abstraets, 1994, 19(6): 620-625.
[85] 王经明,董书宁,吕玲,等. 采矿对断层的扰动及水文地质效应[J]. 煤炭学报,1997(4):27-31.
[86] 黄震. 流固耦合作用下岩体渗流演化规律与突水灾变机理研究[D]. 徐州:中国矿业大学,2016.
[87] Wang H. Optimization Method for Setting Waterproof Coal-Rock Pillar of Gently Inclined Coal Seam Under Cenozoic Loose Aquifer[J]. American Journal of Science and Technology,2015, 2(4):124-133.
[88] 施龙青,曲有刚,徐望国. 采场底板断层突水判别方法[J]. 矿山压力与顶板管理,2000(2):49-51,89.

[89] Shi L, Singh R N. Study of Mine Water Inrush from Floor Strata through Faults[J]. Mine water and the Environment, 2001, 20(3): 140-147.

[90] 邱秀梅,王连国. 断层采动型突水自组织临界特性研究[J]. 山东科技大学学报(自然科学版), 2003,21(1):59-61.

[91] 陈海军,王波. 深部煤层开采诱发断层活化突水研究[J]. 能源技术与管理,2019,44(1):64-67.

[92] 施龙青,赵云平,刘玉,等. 断层影响因子在突水危险性分区中的应用[J]. 山东煤炭科技,2016(7):116-117,120.

[93] 李海燕,张红军,李术才,等. 断层滞后型突水渗-流转化机制及数值模拟研究[J]. 采矿与安全工程学报,2017,34(2):323-329.

[94] 杨新安,程军,杨喜增. 峰峰矿区矿井突水分类及发生机理研究[J]. 地质灾害与环境保护,1999,10(2):25-30,37.

[95] 武强,刘金韬,钟亚平. 开滦赵各庄矿断裂滞后突水数值仿真模拟[J]. 煤炭学报,2002(5):511-516.

[96] Zhang S, Guo W, Li Y, et al. Experimental Simulation of Fault Water Inrush Channel Evolution in a Coal Mine Floor[J]. Mine Water and the Environment, 2017,36(3):443-451.

[97] Shi W, Yang T, Yu Q, et al. A Study of Water-Inrush Mechanisms Based on Geo-Mechanical Analysis and an In-situ Groundwater Investigation in the Zhongguan Iron Mine, China[J]. Mine Water and the Environment, 2017, 36(3): 409-417.

[98] 杜文凤,彭苏萍,师素珍. 深部隐伏构造特征地震解释及对煤矿安全的影响[J]. 煤炭学报,2015,40(3):640-645.

[99] 张文忠. 受采动影响底板隐伏断层滞后突水分析[J]. 矿业安全与环保,2018,45(6):83-87.

[100] 郭惟嘉,张士川,孙文斌,等. 深部开采底板突水灾变模式及试验应用[J]. 煤炭学报,2018,43(1):219-227.

[101] 鲁海峰,沈丹,姚多喜,等. 断层影响下底板采动临界突水水压解析解[J]. 采矿与安全工程学报,2014(11):888-895.

[102] 陈亮亮,王恩营,廉有轩. 煤层底板隐伏断层突水危险性数值模拟分析[J]. 煤炭科学技术,2015,43(增刊):41-44,47.

[103] 黄琪嵩. 顶板垮落动载诱发深部采场底板突水机理研究[D]. 北京:中国矿业大学(北京),2018.

[104] 巴鹏宇. 承压水上开采底板突水损伤断裂力学机制研究[D]. 淮南:安徽理工大学,2013.

[105] 李连崇,唐春安,李根,等. 含隐伏断层煤层底板损伤演化及滞后突水机理分析[J]. 岩土工程学报,2009,31(12):1838-1844.

[106] Liu S L, Liu W T, Yin D W. Numerical Simulation of the Lagging Water Inrush Process from Insidious Fault in Coal Seam Floor[J]. Geotechnical and Geological Engineering, 2017, 35(3): 1013-1021.

[107] 胡新宇. 采场底板隐伏断层活化及突水机理研究[D]. 徐州:中国矿业大学,2015.

[108] 王经明. 承压水沿煤层底板递进导升突水机理的模拟与观测[J]. 岩土工程学报,1999,21(5):546-549.

[109] 王经明,喻道慧. 煤层顶板次生离层水害成因的模拟研究[J]. 岩土工程学报,2010,32(2):231-236.

[110] 王经明. 承压水沿煤层底板递进导升的突水机理及其应用[D]. 煤炭科学研究总院,2004.

[111] Jin D, Zheng G, Liu Z, et al. Real-Time Monitoring and Early Warning Techniques of Water Inrush through Coal Floor[J]. Procedia Earth and Planetary Science, 2011, 3:37-46.

[112] 白越,王经明. 微震监测技术在煤矿突水监测中的应用[J]. 辽宁工程技术大学学报(自然科学

版),2010,29(4):549-552.

[113] 凌标灿,刘德民,李永军,等. 底板裂隙型突水机理三维数值模拟研究[J]. 煤炭工程,2011(9):69-71.

[114] 杨松. 刘家梁煤矿三软高导升底板突水预测分析研究[D]. 太原:太原理工大学,2014.

[115] 黄浩. 煤层底板隐伏充水断层扩展的模拟实验研究[D]. 廊坊:华北科技学院,2015.

[116] 朱光丽. 采动诱发断层活化(滞后)突水致灾机理试验及评价研究[D]. 青岛:山东科技大学,2018.

[117] 翟晓荣,吴基文,张红梅,等. 基于流固耦合的深部煤层采动底板突水机理研究[J]. 煤炭科学技术,2017,45(6):170-175.

[118] Shi L Q, Qiu M, Wei W X, et al. Water Inrush Evaluation of Coal Seam Floor by Integrating the Water Inrush Coefficient and the Information of Water Abundance[J]. International Journal of Mining Science and Technology, 2014, 24(5): 677-681.

[119] 毕贤顺,王晋平. 矿井底板突水的数值模拟[J]. 淮南矿业学院学报,1997(1):12-16.

[120] 王成绪. 底板突水的数值计算方法研究[J]. 煤田地质与勘探,1997(增刊):45-47.

[121] 肖洪天,荆自刚,李白英. 周期来压的不同工作面长度对底板影响的电算模拟研究[J]. 山东矿业学院学报,1989(2):9-13.

[122] 杨栋,赵阳升. 裂隙状采场底板固流耦合作用的数值模拟[J]. 煤炭学报,1998,23(1):37-41.

[123] Li S C, Zhou Y, Li L P, et al. Development and Application of a New Similar Material for Underground Engineering Fluid-Solid Coupling Model Test[J]. Chinese Journal of Rock Mechanics and Engineering, 2012, 31(6): 1128-1137.

[124] Xu D, Peng S, Xiang S, et al. The Effects of Caving of a Coal Mine's Immediate Roof on Floor Strata Failure and Water Inrush[J]. Mine Water and the Environment, 2016, 35(3): 337-349.

[125] 胡耀青. 带压开采岩体力水学理论与应用[D]. 太原:太原理工大学,2003.

[126] 李海龙,白海波,马丹,等. 采动底板导水破坏深度滞后煤壁二次加深规律探测[J]. 采矿与安全工程学报,2016,33(2):318-323.

[127] 冯梅梅,茅献彪,白海波. 承压水上开采煤层底板隔水层裂隙演化规律的试验研究[J]. 岩石力学与工程学报,2009,28(2):336-341.

[128] 王进尚,姚多喜,黄浩. 煤矿隐伏断层递进导升突水的临界判据及物理模拟研究[J]. 煤炭学报,2018,43(7):2014-2020.

[129] 邵志成. 面向增材制造的机械结构轻量化设计方法研究[D]. 青岛:青岛理工大学,2018.

[130] 周甲富. 煤层底板突水流固耦合模拟试验系统研制与应用[D]. 焦作:河南理工大学,2017.

[131] 潘国营,武亚遵,林云,等. 煤矿水害探查和评价[M]. 北京:煤炭工业出版,2014.

[132] 兰泽全,李刚强. 煤矿特别重大事故统计分析[J]. 华北科技学院学报,2017,14(2):72-77.

[133] 张凯. 永城矿区裂隙型底板灰岩突水防治技术研究[D]. 北京:中国矿业大学(北京),2015.

[134] 黄北海,房朝飞,贺龙. 立体多水平分支定位孔快速封堵特大突水点技术[J]. 煤矿安全,2019,50(11):88-90,94.

[135] 杨增夫. 煤矿重大事故预测和控制的岩层动力信息基础的研究[D]. 青岛:山东科技大学,2003.

[136] 刘树才. 煤矿底板突水机理及破坏裂隙带演化动态探测技术[D]. 徐州:中国矿业大学,2008.

[137] 卢国志. 煤矿安全开采可视化决策平台构建及核心算法研究[D]. 青岛:山东科技大学,2009.

[138] Zhao Y S, Yang D, Zheng S H, et al. Experimental Study on Water Seepage Constitutive Law of Fracture in Rock under 3D Stress[J]. Science in China(Series E: Technological Sciences), 1999(1):108-112.

[139] 刘志军. 承压水上采煤断层失稳突水的研究[D]. 太原:太原理工大学,2004.
[140] 黄润秋,王贤能,陈龙生. 深埋隧道涌水过程的水力劈裂作用分析[J]. 岩石力学与工程学报,2000(5):573-576.
[141] 谢小锋. 高水压大采高注浆加固工作面底板突水机理及其应用[D]. 北京:中国矿业大学(北京),2018.
[142] 杨映涛. 论岩石体积应变与孔隙中流体压力的关系及其应用途径[J]. 水文地质工程地质,1989(1):29-33,22.
[143] 刘伟韬,穆殿瑞,杨利,等. 倾斜煤层底板破坏深度计算方法及主控因素敏感性分析[J]. 煤炭学报,2017,42(4):849-859.
[144] Xing M, Li W, Wang Q Y, et al. Risk Prediction of Roof Bed-Separation Water Inrush in a Coal Mine, China[J]. Electronic Journal of Geotechnical Engineering, 2015, 20(1):301-312.
[145] Kachanov M. L. A Microcrack Model of Rock Inelasticity Part Ⅱ: Propagation of Microcracks[J]. Mechanics of materials, 1982, 1(1):29-41.
[146] Hoek E, Brown E T. The Hoek-Brown Failure Criterion: a 1998 Update[J]. Journal of Heuristics, 1988, 16(2):167-188.
[147] 贝尔. 多孔介质流体动力学[M]. 李竞生,陈崇希,译. 北京:中国建筑工业出版社,1983.
[148] 高庆. 工程断裂力学[M]. 四川:重庆大学出版社,1986.
[149] 杨映涛,南生辉,顾敏. 三轴应力状态下单裂隙灾水机理的实验研究[J]. 煤田地质与勘探,1997(增刊):37-41.
[150] 虎维岳,尹尚先. 采煤工作面底板突水灾害发生的采掘扰动力学机制[J]. 岩石力学与工程学报,2010,29(增刊):3344-3349.
[151] 尹尚先. 煤层底板突水模式及机理研究[J]. 西安科技大学学报,2009,29(6):661-665.
[152] 施龙青,韩进. 开采煤层底板"四带"划分理论与实践[J]. 中国矿业大学学报,2005(1):19-26.
[153] 于小鸽,施龙青,魏久传,等. 采场底板"四带"划分理论在底板突水评价中的应用[J]. 山东科技大学学报(自然科学版),2006(4):14-17.
[154] 施龙青,卜昌森,魏久传,等. 华北型煤田煤奥灰岩溶水防治理论与技术[M]. 北京:煤炭工业出版社,2015.
[155] 陈忠辉,胡正平,李辉,等. 煤矿隐伏断层突水的断裂力学模型及力学判据[J]. 中国矿业大学学报,2011,40(5):673-677.
[156] 杨登峰,柴茂,江博文,等. 底板隐伏断层采动活化突水的断裂力学分析[J]. 煤矿安全,2016,47(9):198-201.
[157] Pang Y H, Wang G F, Ding Z W. Mechanical Model of Water Inrush from Coal Seam Floor Based on Triaxial Seepage Experiments[J]. International Journal of Coal Science and Technology, 2014, 1(4):428-433.
[158] 于骁中,谯常忻,周群力. 岩石和混凝土断裂力学[M]. 长沙:中南工业大学出版社,1991.
[159] 赵国贞. 厚松散层特厚煤层综放开采巷道围岩变形机理及控制研究[D]. 徐州:中国矿业大学,2014.
[160] 张华磊. 采场底板应力传播规律及其对底板巷道稳定性影响研究[D]. 徐州:中国矿业大学,2011.
[161] 黄炳香,刘长友,许家林. 采动覆岩破断裂隙的贯通度研究[J]. 中国矿业大学学报,2010,39(1):45-49.
[162] 许家林,鞠金峰. 特大采高综采面关键层结构形态及其对矿压显现的影响[J]. 岩石力学与工程

学报,2011,30(8):1547-1556.

[163] 张培森,武守鑫,颜伟,等. 煤层底板承压水导升监测系统研发与应用[J]. 采矿与安全工程学报,2019,36(3):549-557.

[164] 王连国,韩猛,王占盛,等. 采场底板应力分布与破坏规律研究[J]. 采矿与安全工程学报,2013,30(3):317-322.

[165] Zhu S Y, Jiang Z Q, Zhou K J, et al. The Characteristics of Deformation and Failure of Coal Seam Floor due to Mining in Xinmi Coal Field in China[J]. Bulletin of engineering geology and the environment, 2014, 73(4):1151-1163.

[166] 高召宁,孟祥瑞,李英明. 煤层底板采动应力效应及其力学作用机制研究[J]. 安全与环境学报,2011,11(4):201-205.

[167] 刘波,韩彦辉. FLAC 原理实例与应用指南[M]. 北京:人民交通出版社,2005.

[168] 施龙青,谭希鹏,王娟,等. 基于 PCA_Fuzzy_PSO_SVC 的底板突水危险性评价[J]. 煤炭学报,2015,40(1):167-171.

[169] 张蕊,姜振泉,于宗仁,等. 煤层底板采动破坏特征综合测试及数值模拟研究[J]. 采矿与安全工程学报,2013,30(4):531-537.

[170] 朱宗奎. 基于风险评估及突变理论的煤层底板突水危险性预测[D]. 徐州:中国矿业大学,2014.

[171] Zeng Y F, Wu Q, Liu S Q, et al. Vulnerability Assessment of Water Bursting from Ordovician Limestone into Coal Mines of China[J]. Environmental Earth Sciences, 2016, 75(22): 1431.

[172] Wu Q, Li B, Chen Y L. Vulnerability Assessment of Groundwater Inrush from Underlying Aquifers Based on Variable Weight Model and its Application[J]. Water Resources Management, 2016, 30(10): 3331-3345.

[173] Bukowski P. Water Hazard Assessment in Active Shafts in Upper Silesian Coal Basin Mines[J]. Mine Water and the Environment, 2011, 30(4): 302-311.

[174] 李东,姜福兴,王存文,等. 深井突水诱发静压冲击机制研究[J]. 岩石力学与工程学报,2018,37(增刊):4038-4046.

[175] 姜福兴,刘伟建,叶根喜,等. 构造活化的微震监测与数值模拟耦合研究 [J]. 岩石力学与工程学报,2010,29(增刊):3590-3597.

[176] 姜福兴,叶根喜,王存文,等. 高精度微震监测技术在煤矿突水监测中的应用[J]. 岩石力学与工程学报,2008(9):1932-1938.

[177] Suckale J. Induced Seismicity in Hydrocarbon Fields[J]. Advances in Geophysics, 2009, 51: 55-106.

[178] Slawomir J G. Seismicity Induced by Mining: Recent Research[J]. Advances in Geophysics, 2009, 51(1): 1-53.

[179] Li T, Cai M F, Cai M. A Review of Mining-Induced Seismicity in China[J]. International Journal of Rock Mechanics and Mining Sciences, 2007, 44(8): 1149-1171.

[180] Young R P, Talebi S, Hutchins D A, et al. Analysis of Mining-Induced Microseismic Events at Strathcona Mine, Sudbury, Cannada[J]. Pure and Applied Geophysics, 1989, 129(3/4): 455-474.

[181] 王进尚,郭俊,辛崇伟,等. 基于高精度微震监测技术的底板破坏深度预测研究[J]. 煤炭技术,2020,39(4):67-70.

[182] 张平松,吴基文,刘盛东. 煤层采动底板破坏规律动态观测研究[J]. 岩石力学与工程学报,2006,25(增刊):3009-3013.

[183] Hsiao Y T, Huang T L, Chang S Y. Fuzzy Modeling with Grey Prediction for Designing Power System Stabilizers[J]. Granular Computing and Intelligence Systems, 2011(13):219-235.

[184] 许延春,罗亚麒,张书军,等. 切顶卸压工作面底板采动破坏实测研究[J]. 煤矿开采,2018,23(6):94-98.

[185] Lin Y, Liu S F. A Systemic Analysis with Data (Ⅱ)[J]. International Journal of General Systems (UK), 2000, 29(6): 1001-1013.

[186] He S, Li Y, Wang R Z. A New Approach to Performance Analysis of Ejector Refrigeration System Using Grey System Theory[J]. Applied Thermal Engineering, 2009, 29(8/9):1592-1597.

[187] 许延春,杨扬. 回采工作面底板注浆加固防治水技术新进展[J]. 煤炭科学技术,2014,42(1):98-101,120.

[188] 李松营,李书文. 综合物探的奥陶系灰岩突水预警技术[J]. 河南理工大学学报(自然科学版),2013,32(5):552-555.

[189] 程艳琴,王连国,张连福,等. 突变学理论在桃园矿 10 煤底板突水预测中的应用[J]. 煤田地质与勘探,2007,35(1):45-48.

[190] 尹尚先,虎维岳,刘其声,等. 承压含水层上采煤突水危险性评估研究[J]. 中国矿业大学学报,2008,37(3):311-315.

[191] 张文彬. 综采放顶煤工作面底板应力及其破坏深度分析[J]. 煤炭科学技术,2010,38(12):17-21.

[192] 周振方,靳德武,虎维岳,等. 煤矿工作面推采采空区涌水双指数动态衰减动力学研究[J]. 煤炭学报,2018,43(9):2587-2594.

[193] 徐玉增. 葛泉矿带压开采下组煤底板破坏深度探测研究[J]. 中国煤炭,2010,36(4):48-51.

[194] 孟祥瑞,徐铖辉,高召宁,等. 采场底板应力分布及破坏机理[J]. 煤炭学报,2010,35(11):1832-1836.